高等职业教育艺术设计新形态系列"十四五"规划教材

古典人物造型基础教程

GUDIAN RENWU ZAOXING JICHU JIAOCHENG

滕召娣 孙志慧 编 著

西南大学出版社
国家一级出版社 全国百佳图书出版单位

图书在版编目（CIP）数据

古典人物造型基础教程 / 滕召娣, 孙志慧编著．
重庆：西南大学出版社, 2024.7. -- ISBN 978-7-5697-
2403-5

Ⅰ．TS974.12

中国国家版本馆CIP数据核字第2024PE3887号

高等职业教育艺术设计新形态系列"十四五"规划教材

古典人物造型基础教程
GUDIAN RENWU ZAOXING JICHU JIAOCHENG

滕召娣　孙志慧　编　著

选题策划：戴永曦
责任编辑：邓　慧
责任校对：徐庆兰
装帧设计：沈　悦　何　璐
排　　版：张　艳
出版发行：西南大学出版社（原西南师范大学出版社）
地　　址：重庆市北碚区天生路2号
本社网址：http://www.xdcbs.com
网上书店：https://xnsfdxcbs.tmall.com
印　　刷：重庆恒昌印务有限公司
成品尺寸：210 mm×285 mm
印　　张：7.5
字　　数：263千字
版　　次：2024年7月 第1版
印　　次：2024年7月 第1次印刷
书　　号：ISBN 978-7-5697-2403-5
定　　价：65.00元

本书如有印装质量问题，请与我社市场营销部联系更换。
市场营销部电话：（023）68868624 68367498

西南大学出版社美术分社欢迎赐稿。
美术分社电话：（023）68254657

前言

FOREWORD

古典人物造型，作为艺术领域的一颗璀璨明珠，其魅力在于独特的审美价值和文化内涵，这种魅力使得古典人物造型成为跨越时空的艺术经典。随着传统文化的复兴和古风文化的流行，古典人物造型逐渐成为我们学习和研究的重要对象。同时，伴随着艺术教育的不断深入和细化，我们认识到古典人物造型对于培养学生的艺术素养和创作技巧具有不可替代的作用。因此，我们编写这本《古典人物造型基础教程》，旨在为广大学生和艺术爱好者提供一本系统、全面的学习指南。

本教程在校企合作的基础上，设置五大任务，按照任务布置、任务要求、相关知识、案例分析、任务实施、任务评价、任务拓展进行任务学习与实施。每个任务从古典人物造型的发展历史、技法要点等方面入手，全面系统地介绍不同历史时期人物的妆容、发髻等造型特点。本教程注重理论与实践相结合，通过大量的实例分析和实践演练，让学生掌握古典人物造型的技法要点和创作技巧，并在掌握基本技法的基础上，发挥个人的创意和想象力，创作出具有独特风格的作品，推动古典人物造型艺术的发展和进步。教程体现了信息技术与教育教学改革的融合，书中每一任务均配有古典人物造型实例，读者可以扫描二维码观看视频，直观地理解造型步骤技巧。

在教程的编写过程中，我们得到了许多企业及院校专家、学者、学生的学术支持与技术帮助，在此表示衷心感谢！在制作书中例图的过程中，我们参考借鉴了部分图书资料与网络资料，在此也对这些资料的作者表示衷心感谢！我们期望本教程能够成为学生学习古典人物造型的有益资料。由于编者水平有限，缺乏经验，书中若有不妥之处，敬请广大读者批评指正。

目录 CONTENTS

任务一
汉朝人物造型

一、任务布置 002

二、任务要求 002

三、相关知识 003

四、案例分析 009

五、任务实施 025

六、任务评价 025

七、任务拓展 026

任务二
唐朝人物造型

一、任务布置 028

二、任务要求 028

三、相关知识 028

四、案例分析 042

五、任务实施 051

六、任务评价 051

七、任务拓展 052

任务三
宋朝人物造型

一、任务布置 054

二、任务要求 054

三、相关知识 054

四、案例分析 061

五、任务实施 069

六、任务评价 070

七、任务拓展 070

任务四
明朝人物造型

一、任务布置 072

二、任务要求 072

三、相关知识 072

四、案例分析 077

五、任务实施 085

六、任务评价 086

七、任务拓展 086

任务五
清朝人物造型

一、任务布置 088

二、任务要求 088

三、相关知识 088

四、案例分析 095

五、任务实施 104

六、任务评价 105

七、任务拓展 105

学生作品欣赏 106

参考文献 114

二维码资源目录

序号	二维码编号	二维码内容	二维码所在章节	二维码所在页面
1	码 1-1	汉朝人物妆容步骤	任务一 汉朝人物造型	009
2	码 1-2	汉朝人物发型步骤		017
3	码 2-1	唐朝人物妆容步骤	任务二 唐朝人物造型	042
4	码 2-2	唐朝人物发型步骤		047
5	码 3-1	宋朝人物妆容步骤	任务三 宋朝人物造型	061
6	码 3-2	宋朝人物发型步骤		066
7	码 4-1	明朝人物妆容步骤	任务四 明朝人物造型	077
8	码 4-2	明朝人物发型步骤		081
9	码 5-1	清朝人物妆容步骤	任务五 清朝人物造型	096
10	码 5-2	清朝人物发型步骤		101
11	码 6-1	学生作品	学生作品欣赏	106

任务一

汉朝人物造型

一、任务布置
二、任务要求
三、相关知识
四、案例分析
五、任务实施
六、任务评价
七、任务拓展

【学习目标】

知识目标：

1. 掌握汉朝妆容种类，不同妆容的特点以及塑造方法；
2. 掌握汉朝发髻种类，不同发髻的髻式形态以及梳法。

技能目标：

1. 具备化妆表现能力；
2. 具备发髻表现能力；
3. 具备汉朝整体人物造型能力。

素质目标：

1. 增强文化自信，弘扬传播优秀传统汉朝文化；
2. 养成仔细、严谨的工作作风。

【建议学时】

16学时。

一、任务布置

根据汉朝妆容与发髻特点，完成一个汉朝人物整体化妆造型。

二、任务要求

妆容造型符合汉朝人物造型的特征——自然、淡雅、柔美、端庄。面妆干净整洁；发髻梳理光滑平整，表面无毛躁碎发，整体饱满；发饰搭配协调；服装选择准确；人物整体形象符合历史背景。

三、相关知识

汉朝政治稳定，经济繁华，与外族文化交流广泛。在这样的社会背景下，汉朝人对美的认知和追求得以提高，妇女妆容与发式得到极大丰富。

1. 妆容

先秦时期儒家思想十分注重伦理道德，重视人的内在美，因此先秦时期以素妆为主导。到了汉代，燕支的引入使得各类彩妆开始兴起，彩妆时代从此开启。汉朝妆容种类丰富，目前汉朝已知妆容包括白妆、红妆、慵来妆、愁眉啼妆、红粉妆、飞霞妆等。

（1）白妆

粉白黛黑，即面部施以白粉，不施胭脂，以黛画眉，妆容较为清雅。

（2）红妆

用红粉作为面部打底，浅浅的红粉施于面部，颜色淡雅，给人一种素静之感。

（3）慵来妆

表现刚刚出浴，遍体芬芳的美女略显倦慵之态的淡妆。面部薄施白粉，两颊薄施胭脂，画远山眉，鬓发蓬松且卷曲。

（4）愁眉啼妆

主要是表现女子楚楚动人、发愁啼哭之态。为表现啼哭之感，汉朝人用油膏涂于眼下，画愁眉，梳堕马髻。

（5）红粉妆

主要突出胭脂在面部的作用，以红粉施面，呈现赤色（火红色）。

（6）飞霞妆

先在面部施胭脂后用白粉盖于之上，呈现出白里透红之感。

2. 妆容内容

（1）汉朝底妆十分简单，在面部薄薄施一层白粉后，将米粉染成红色施于两颊使面部红润，即底妆完成。

（2）汉朝对于眼妆仅在愁眉啼妆上有过修饰，因此在做愁眉啼妆外的还原妆容时可不作眼妆。

（3）汉朝描眉的主要材料是石黛，石黛是一种矿石，也称青石，有黑、玄、苍、青、翠等颜色，以石黛画眉，眉色因其色而变化。汉朝眉型丰富，有八字眉、远山眉、宽眉、山形眉、高髻广眉、长眉、蛾眉、惊翠眉、愁眉等。八字眉是由长眉演变而来，表现女性娇柔孱弱之态，眉头高于眉峰和眉尾。远山眉配慵来妆，该眉由卓文君所创，之所以称为远山，是因为它形如远处的山峰，结合人体面部神态，体现出女子的英姿飒爽。其保留原本自然的眉峰，将眉尾稍稍向内侧拱起，形成山峰之状，汉朝伶玄所著《赵飞燕外传》中讲述赵合德描画的就是远山眉。山形眉与远山眉形式很接近，不同的是山形眉的眉形更还原山的形态，刻画出类似三角形的眉形；而远山眉采取留出原本眉毛的眉峰，更加自然。高髻广眉即梳高髻画广眉，广眉类似大砍刀的形状，眉身较宽，眉形轮廓较清晰，与现在的粗眉接近，《后汉书·马援传》："城中好高髻，四方高一尺；城中好广眉，四方且半额；城中好大袖，四方全匹帛。"由此可知广眉的宽度占到半个额头。长眉是将眉尾延伸至耳鬓处形成长条状。蛾眉亦作"娥眉"，蚕蛾触须细长而弯曲，用以比喻女子长而美的眉毛，故蛾眉是细长弯曲的形态。惊翠眉即"翠眉"，古代女子用青黛画眉故称翠眉。愁眉由八字眉演变而来，画愁眉需刮除原本的眉毛，眉形整体细长，眉头高眉尾低，眉梢向上弯曲。

（4）红粉是主要采用栀子与茜草作为染料染红的白粉。胭脂则是用红蓝花作为染料做成的胭脂饼或者胭脂膏。

红粉拍打在白粉之上，也可以直接拍打在面部作红妆。胭脂膏黏性很强，在红妆上敷一层胭脂膏，可以使妆容不容易脱落。

（5）汉朝最著名的是梯形唇，即所画的唇形接近梯形。画梯形唇时需将原本的唇色用白粉遮盖住，然后用朱砂在上下嘴唇中间画出上窄下宽的梯形，再将颜色填充饱满。

3. 发髻

汉朝发髻样式非常丰富，有鱼尾髻、扇髻、尖发髻、九鬟髻、垂云髻等。

（1）鱼尾髻

鱼尾髻类似鱼的尾巴倒立起的姿态，底面是椭圆形，椭圆一侧扣在头顶面。

（2）扇髻

扇髻是类似扇子形状的发髻。

（3）尖发髻

尖发髻是类似小牛角形状的发髻。

（4）九鬟髻

九鬟髻为高髻，即环环相扣的意思，环越多表明身份越高贵，如图1-1。

（5）垂云髻

垂云髻是将两侧头发绾向背后，且两侧头发中部垂在肩处，尾部绾至后脑，背部披发梳堕马髻，如图1-2。

（6）盘桓髻

盘桓髻是将头发盘卷屈折而成，将头发分成很多小份，每一份呈圆柱状错综叠压在头部，形成各种形态，如图1-3。

（7）双丫髻

双丫髻主要为侍女和儿童及未成年少女梳的一款发型，它是将头发分成两股在头的两侧梳成小髻，如图1-4。

（8）灵蛇髻

灵蛇髻为一股或多股头发扭转蟠曲，耸立于头顶。灵蛇髻无固定髻式，样式犹如游蛇形态，灵活多变，如图1-5。

（9）峨髻

峨髻是将髻盘在头顶，且向上盘高的发髻，如图1-6。

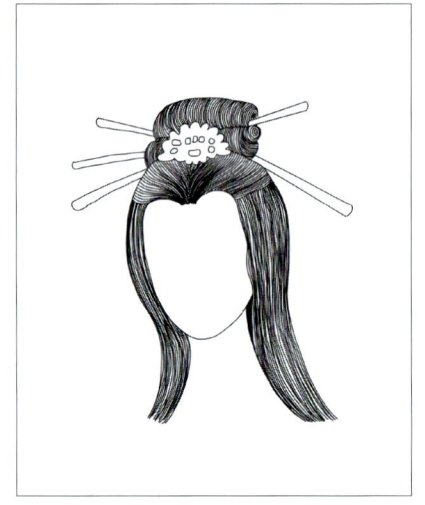

图1-1　　　　　　　　　图1-2　　　　　　　　　图1-3

（10）步摇高髻

步摇是一种缚有吊坠的饰品，步摇高髻即梳高髻戴步摇，如图1-7。

（11）髻发簪花

簪花是一种做成花形的头饰，髻发簪花即将头发盘起，插戴簪花。

（12）椎髻

椎髻又称椎结或魁结，是一种椎形的发髻，即将头发向后梳顺，于背部绾成椎形。《汉书》："两人皆胡服椎结。"颜师古注："结读曰髻，一撮之髻，其形如椎。"

（13）花钗髻

钗与簪类似，簪为一股，钗为两股，钗上常伴有装饰物和流苏吊坠。花钗则是做成花形的装饰物。梳髻戴花钗即花钗髻。

（14）分髾髻

分髾髻有百花分髾髻和垂鬟分髾髻，髾指头发末梢，在髻尾留髾或结辫留出头发末梢，行走时可随意摆动。据《国宪家猷》记载："汉明帝令宫人梳百花分髾髻。"如图1-8。

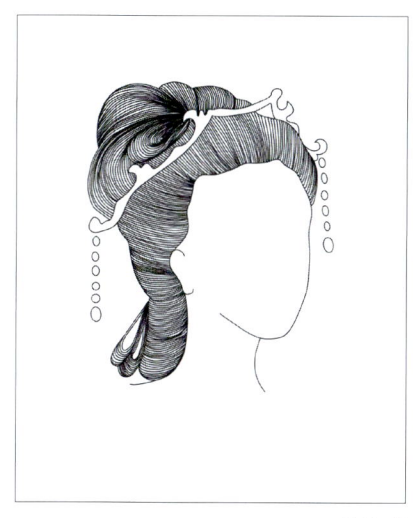

图1-4

图1-5

图1-6

图1-7

图1-8

(15) 堕马髻

堕马髻由梁冀之妻孙寿发明，《后汉书·梁冀传》："寿色美而善为妖态，作愁眉、啼妆、堕马髻、折腰步、龋齿笑。"堕马髻是一种偏髻，画愁眉啼妆，表现美丽女子妖媚之态。

(16) 倭堕髻

倭堕髻是将头发梳于头顶，盘成向下的髻，髻歪在头部一侧，它由堕马髻演变而来。堕马髻贴于头面，倭堕髻不贴于头面，如图1-9。

(17) 三角髻

三角髻就是将髻梳成三角形的高髻，剩下的头发散落至腰间。

(18) 双鬟髻

双鬟髻是汉代常见妇女发式之一。额前发作两翼形隆起而顶部梳作圆鬟形，中间平而下凹，脑后两绺合梳下垂。

(19) 反绾髻

反绾髻是将全部头发绾于头顶做成髻，不作垂状，如图1-10。

(20) 巾帼髻

巾帼髻是用丝帛、鬃毛等材料所做成的假髻，使用时将巾帼髻套在头上，用簪和钗固定即可，如图1-11。

(21) 花钗大髻

花钗是一种以金银制成的头饰，花钗大髻即将头发梳成体积较大的髻，再将花钗插戴其上做装饰，如图1-12。

(22) 三鬟髻

三鬟髻出现在东汉墓壁画当中，由此可知汉代已有三鬟髻。三鬟髻属于高髻，即将头发绾至头顶，分为三股，拧成环状髻。

(23) 惊鹄髻

惊鹄髻形似惊状之鸟展翅欲飞的样子，即将头发梳于头顶，分为两股，做展翅形髻，如图1-13。

图1-9　　　　　　　　　　图1-10　　　　　　　　　　图1-11

(24）四起大髻

四起大髻是将头发盘于头顶，然后绕髻盘圈，形成四层发圈。

(25）缕鹿髻

缕鹿髻是将头发盘于头顶，绾成底层大上层小的轮胎叠压状，如图1-14。

(26）飞仙髻

飞仙髻亦称"飞天髻"，高髻中的一种，即将部分头发绾在头顶，分成数股，再绾成环状。《炙毂子》记载："汉武帝时，王母降，诸仙髻皆异人间，帝令宫中效之，号飞仙髻。"如图1-15。

(27）凌云髻

凌云髻是一种单鬟，将头发绾至头顶，盘成鬟形髻，如图1-16。

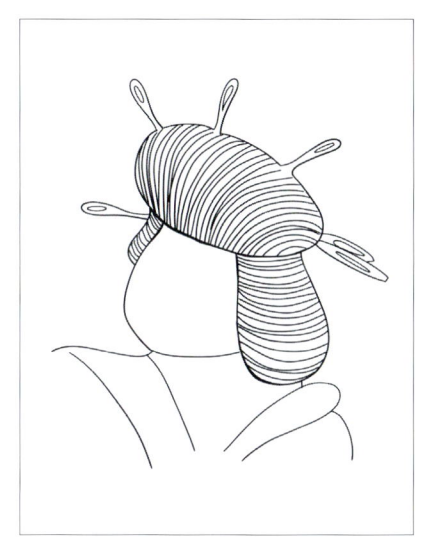

图1-12 　　　　　　　　图1-13 　　　　　　　　图1-14

图1-15 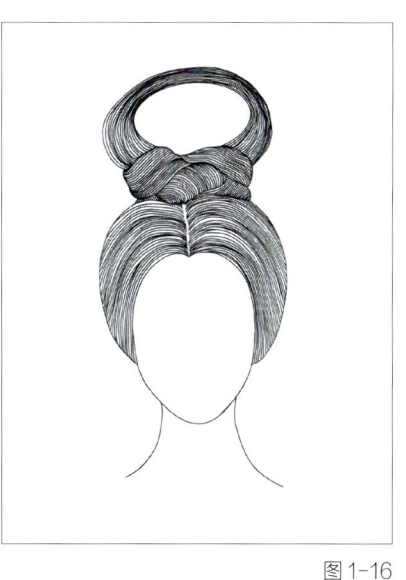　　　　　　　　图1-16

（28）新髻

新髻即将双髻向上竖立或垂于脑后，像燕尾状。

（29）圆髻

圆髻即将头发向头顶部盘起，绾成圆形的髻，如图1-17。

（30）旋螺髻

旋螺髻是将头发盘于脑后，作旋螺状。

（31）高椎髻

高椎髻是将头发拢结于顶，绾成单椎，耸立于头顶，如图1-18。

（32）随云髻

随云髻是将头发盘于头顶一侧，以拧绳的方式，将头发拧成一个斜侧的麻花形的髻，如图1-19。

（33）露髻

露髻是一种不装饰任何饰品的发髻，将头发梳于脑后绾成大髻，大髻两侧各垂两绺尾发，如图1-20。

图1-17

图1-18

图1-19

图1-20

四、案例分析

本案例是根据汉朝妆容和发型特征，结合现代化妆技术及古装人物造型手法，设计的一款体现汉朝人物形象的整体妆造。

造型特点：妆面清丽淡雅，蛾眉，梯形唇，垂髻。

妆容技法：修眉技法、遮瑕技法、打底技法、侧影技法、提亮技法、眼影技法、夹睫毛技法、贴假睫毛技法、描眉技法、扫腮红技法、画唇技法等。

发型技法：分区技法、三股辫发技法、盘底座技法、半头套技法、遮盖技法、前片造型技法、真假发结合技法、松紧绳使用技法、下卡子技法等。

工具准备：

底妆：隔离霜、遮瑕膏、粉底液、粉底膏、定妆喷雾、定妆粉、粉底刷、提亮刷、侧影刷、美妆蛋等；

眼妆：眼影刷、眼影盘、眼线笔、亚光高光、蕾丝双眼皮贴、睫毛夹、睫毛膏、超自然假睫毛、睫毛胶、镊子、棉签等；

眉妆：修眉刀、修眉剪、眉笔等；

唇妆：润唇膏、亚光口红、唇刷等；

腮红：腮红粉、腮红刷等；

侧影：修容粉、修容膏、鼻侧影刷、脸部侧影刷、发际线粉等；

发型：假发包、牛角包、半头套、曲曲发、顺直发、发辫、发片、尖尾梳、发网、发胶、发蜡棒、发冻、固定夹、皮圈、一字夹、U形夹、松紧绳等。

1. 妆容步骤

（1）先用修眉刀将左右两侧眉毛边缘多余的杂毛处理干净，再修出细长眉形，如图1-21。

（2）用带有黏性的胶带，黏掉散落在面部的眉毛渣，如图1-22。

（3）再次用修眉刀修整眉形，并用胶带黏掉眉毛渣，如图1-23。

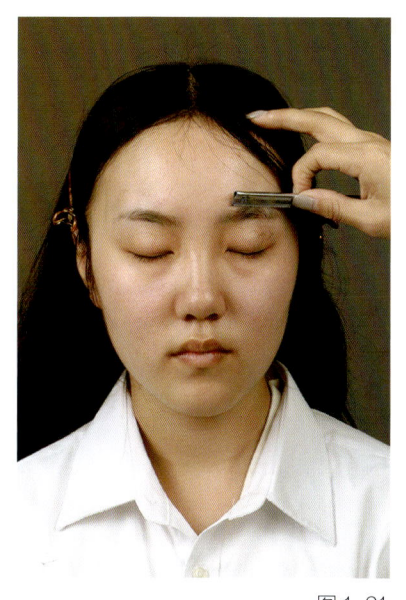

码1-1 汉朝人物妆容步骤

图1-21 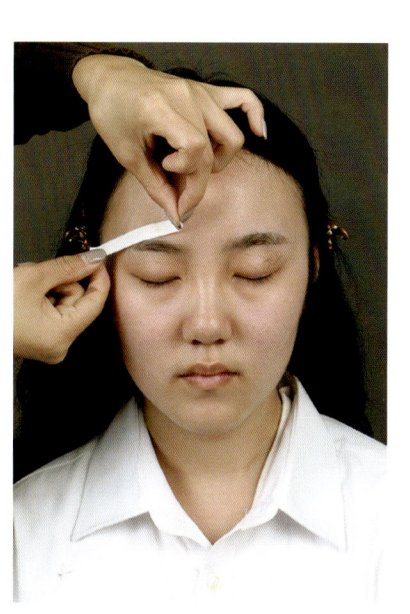　　　　　　　　　图1-22 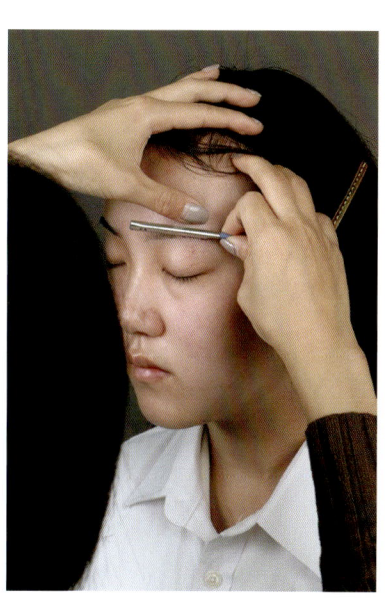　　　　　　　　　图1-23

（4）用修眉剪修剪眉毛较长的部分，使眉毛形状更加完整，之后用胶带处理剪下的眉渣，如图1-24。最后呈现出细长弯曲的眉形，如图1-25。

（5）用隔离霜对面部进行保护，并初步均匀面部肤色。将隔离点涂于面部，用手指以打圈的手法将隔离均匀地平铺于面部，如图1-26。

（6）用遮瑕刷蘸取提亮色遮瑕膏修饰眼袋暗沉部分，如图1-27。用遮瑕刷蘸取提亮色遮瑕膏修饰鼻翼两侧暗沉部位，如图1-28。用遮瑕刷蘸取提亮色遮瑕膏修饰嘴角两侧暗沉部分，如图1-29。

图1-24 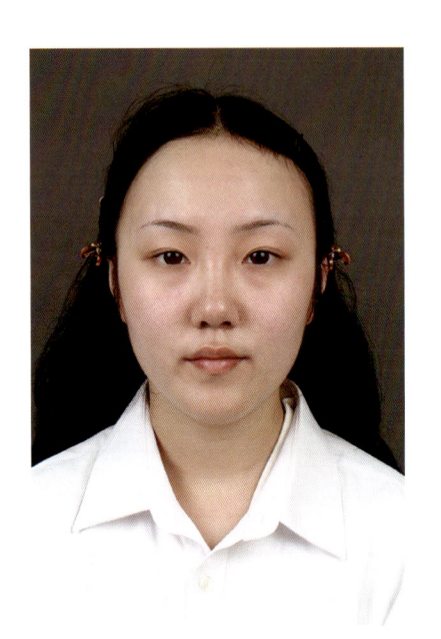　　　　　　　　　　　　图1-25 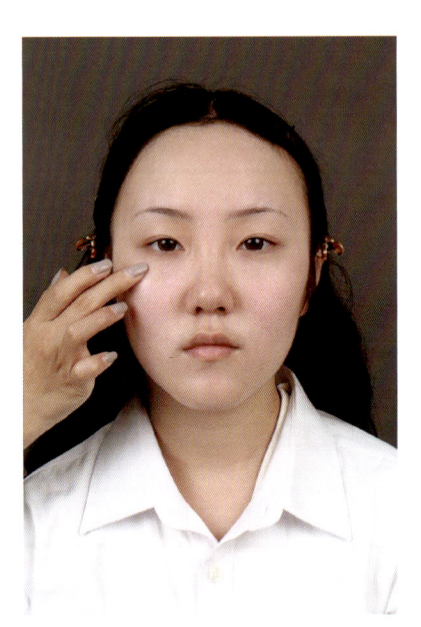　　　　　　　　　　　　图1-26

图1-27 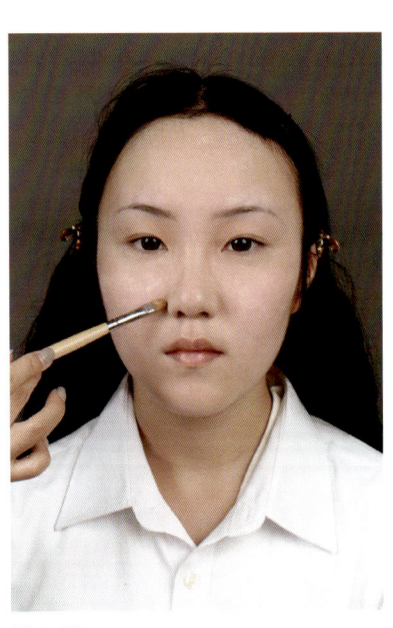　　　　　　　　　　　　图1-28 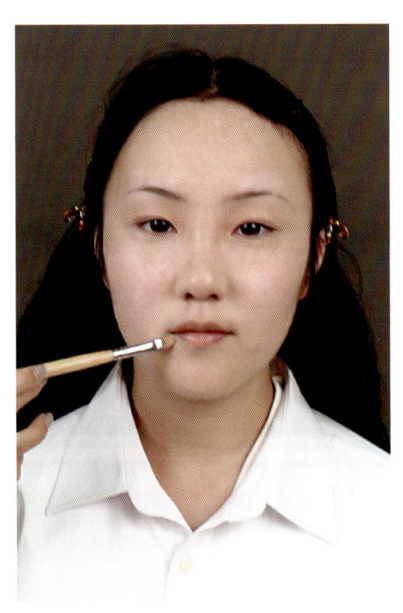　　　　　　　　　　　　图1-29

(7)用粉底刷将粉底膏均匀地平铺于面部（刷子上妆可以更好地使粉底均匀地平铺于面部，但可能会留下刷痕，需结合湿粉扑、美妆蛋之类的工具来使用），如图1-30、图1-31。

(8)美妆蛋蘸取少量粉底，注意使美妆蛋表面均匀受粉，以免上妆时"吃"面部粉底。用美妆蛋按压面部，使面部粉底与皮肤更加贴合并起到清除刷痕的作用，如图1-32。

(9)用局部粉底刷蘸取修容膏对鼻子进行鼻侧修容，加深鼻子阴影，修饰时注意鼻形结构，如图1-33。上底妆时用修容膏修饰鼻侧影会使鼻侧影更加自然真实，帮助面部塑造立体感，如图1-34。

(10)用干净的局部粉底刷蘸取纯白色粉底，对额头、鼻梁、下巴进行提亮，如图1-35。

图1-30 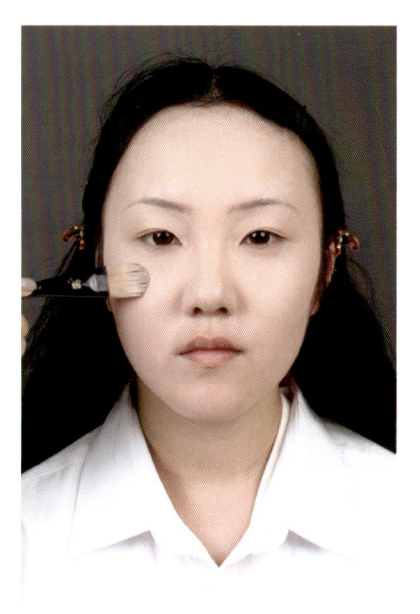   图1-31    图1-32

图1-33    图1-34    图1-35

（11）用蘸有白色粉底的美妆蛋，以按压的方式来均匀提亮的部位，注意白色粉底边缘要与上一层粉底进行充分融合，如图 1-36。

（12）用干粉扑蘸取肉色散粉，对除白色粉底部位进行定妆。由于需要画眼影，为防止后续画眼影时掉粉，眼部周围需加强定妆，如图 1-37。

（13）用一个蘸取纯白色散粉的干粉扑，对提亮部位进行定妆，如图 1-38。

（14）用大号化妆刷蘸取较浅的复古红色眼影，均匀地扫于眼部周围及脸颊，如图 1-39。

（15）用中号眼影刷蘸取更深的复古红色眼影，反复扫于眼部周围从而加深眼影颜色，如图 1-40。

（16）用小号眼影刷蘸取复古深红色眼影，少量多次地均匀扫于上眼皮，范围不超过双眼皮褶皱处，如图 1-41。

图 1-36

图 1-37

图 1-38

图 1-39

图 1-40

图 1-41

(17) 用黑色眼线笔描绘睫毛根部，形成一条美瞳式的眼线，眼尾处，顺着眼皮弧度淡淡拉出眼线，如图1-42。呈现的眼影颜色清淡雅致，眼线微微加深根部即可，如图1-43。

(18) 将睫毛分成三段来夹，夹两次，使睫毛自然上翘，勿夹成折痕式睫毛，如图1-44。

(19) 用镊子夹取自然款的假睫毛蘸取胶水沿真睫毛根部贴紧，如图1-45。贴睫毛需注意不要靠内眼角太近，以免造成眼角刺痛感，如图1-46。注意古典妆容可贴假睫毛也可不贴假睫毛，如图1-47。

图1-42

图1-43

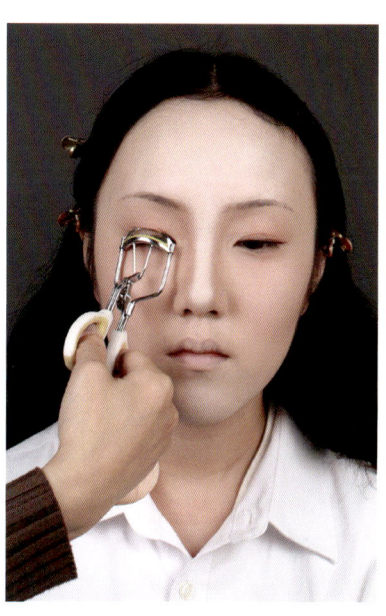

图1-44

图1-45

图1-46

图1-47

(20) 用中号火苗刷蘸取复古红眼影扫于眼部周围，进一步让眼影显色。注意不要艳丽，与整体妆容协调即可，如图1-48。由于眼线的刻画和假睫毛的佩戴可使整体妆容更加清晰立体和突出，因此需再次加强眼影才能使眼妆协调，如图1-49。

　　(21) 用灰棕色眉笔画眉，利用定位法，确定眉的位置，然后将三点描成弧线。用眉笔浅浅上色，画出眉的宽度和长度，如图1-50。眉形描好后，用眉笔逐步加深，如图1-51。最后将眉色填充饱满，使眉形更加精确化，如图1-52。注意左右眉毛形状、颜色、高低对称，如图1-53。

图1-48

图1-49

图1-50

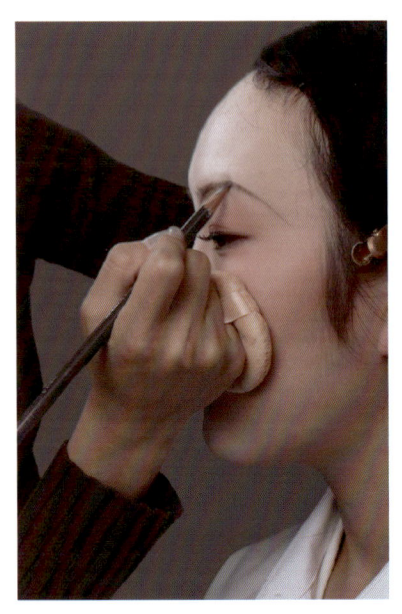

图1-51

图1-52

图1-53

（22）用小号火苗刷蘸取白粉对额头进行提亮，如图1-54。用小号火苗刷蘸取白粉对鼻梁进行提亮，如图1-55。用小号火苗刷蘸取白粉对下巴进行提亮，如图1-56。

（23）用腮红刷蘸取少量复古红色腮红，扫于眼窝与面部，强化妆面效果，使整体更加协调，如图1-57。用侧影刷蘸取修容粉，对面部进行修饰，加强面部立体感，如图1-58。

图1-54　　　　　　　　　　　图1-55　　　　　　　　　　　图1-56

图1-57　　　　　　　　　　　图1-58

古典人物造型基础教程

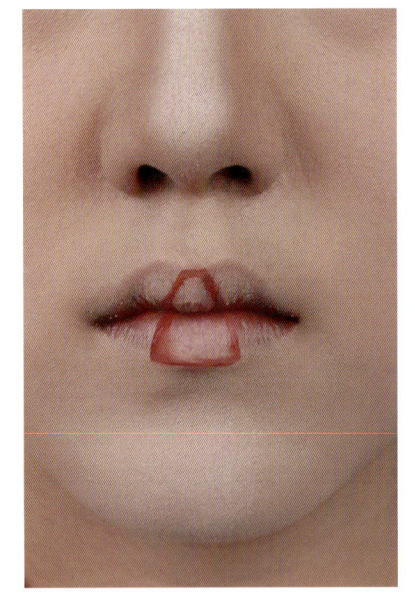

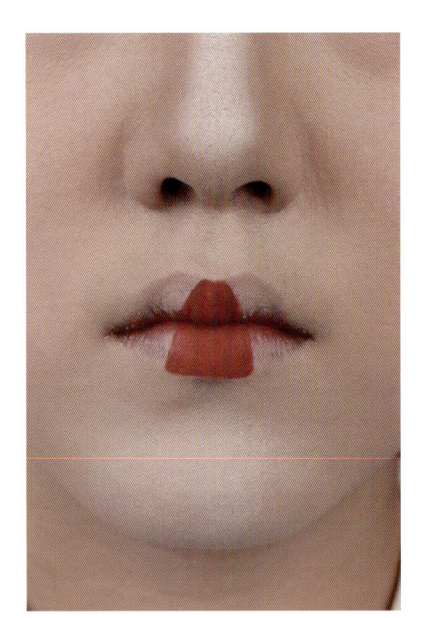

图1-59

图1-60

图1-61

（24）用唇刷勾勒出梯形唇形，如图1-59。梯形唇形正面展示，如图1-60。用唇刷蘸取正红色口红，填充勾勒出的唇形，注意颜色均匀铺在勾勒出的唇形内，且颜色饱和度要够，如图1-61。妆容完成，呈现出清丽淡雅之感，如图1-62。

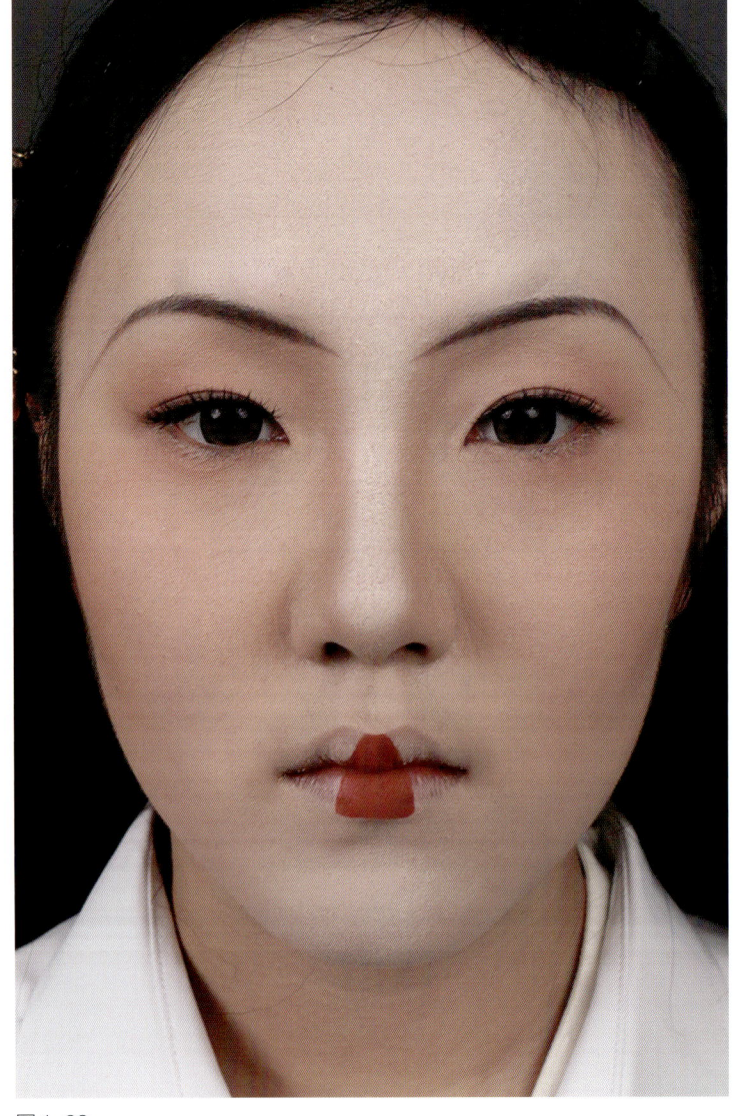

图1-62

016

2. 发型步骤

（1）用尖尾梳将头发分成四个区域：前区（1区）、中间左右两区（2区、3区）、后区（4区），如图1-63。前区与中区分界线位于顶前点与耳上点的连接线上，中区与后区分界线位于后点与耳后点的连接线上，如图1-64。首先用尖尾梳将整体头发中分，然后从顶前点向左右耳上点分出，而后从后点向左右耳后点分出，头部基本分区完成，如图1-65。

（2）将分好的中间左区（2区）用三股编发的方法编成蝎子辫，编发时需要贴紧头皮，编织牢固，编发顺畅无碎发，如图1-66。辫好以后，皮筋收尾，中间左区（2区）编发完成，如图1-67。

（3）对中间右区（3区）进行编发，如中间左区（2区）编发方法一样，至此，中间左右两区编发完成，如图1-68。

码1-2 汉朝人物发型步骤

图1-63

图1-64

图1-65

图1-66

图1-67

图1-68

（4）将后区头发按照三股编发的方法往上编成三股辫，皮筋收尾，后区编发完成，如图1-69。

（5）将中间左右区、后区编发平铺于脑后，用一字夹固定，形成头发底座。注意平铺方法有很多种，最终使头发平整均匀铺在头面即可，如图1-70。

（6）用曲曲发和隐形发网制作一个底座发包，将发包盘在底座上，用一字夹沿发包边缘固定一圈。注意表面需平整，不要有局部凸起，如图1-71。

（7）将半头套撑开，套在做好的底座上，边缘压住发缝，边缘每间隔2厘米固定一个一字夹，一字夹底面接触真发，表面接触假发底部，如图1-72。用U形夹在黄金点、左右转角点各用一个卡子固定，卡子应固定在头套底部，这样表面直发才可以遮挡卡子，如图1-73。

图1-69    图1-70    图1-71

图1-72    图1-73    图1-74

（8）从顶前点向前1厘米，沿顶前点到耳上点二分之一处取一片头发向后梳，从而遮盖戴半头套形成的发缝，使真发与假发完美结合，如图1-74。将该片头发向后梳，如图1-75。而后将该片头发以拧绳的方式拧成一股，紧贴头皮，用一字夹从下往上夹入卷筒内固定，如图1-76。这一步是真发与假发结合非常关键的一步，可以做到以假乱真的效果，也是古装电视剧中经常使用的技巧，如图1-77。

（9）在顶点处固定一片长发片，如图1-78。用尖尾梳将头发梳开与真发结合，再用定位夹在靠近根部处横向固定，如图1-79。在前区发片的表面涂抹发蜡使头发具有黏性，为后面做弯曲造型做准备，如图1-80。将前额真假发向下梳，微带向后的弧度，用定位夹固定梳好的发片。定位时注意其对正面脸形的修饰，发片两边都需定位夹

图1-75 　　　　　　　　　　　图1-76 　　　　　　　　　　　图1-77

图1-78 　　　　　　　　　　　图1-79 　　　　　　　　　　　图1-80

固定，如图1-81。将发片继续向后梳，涂抹发蜡整理碎发，弯折处容易走形，需用定位夹多方向固定，用尖尾梳调整边缘，如图1-82。用尖尾梳沿着弧度继续向后上方梳，直到顶点位置，用定位夹固定，并用一字夹将发尾固定在顶点，如图1-83。

（10）将发胶喷在尖尾梳梳齿上，这样梳发片时可以很好地整理碎发（将碎发带入直发中），将发胶喷在尖尾梳的尖尾上，用尖尾整理边缘碎发，如图1-84。沿曲线向后上方梳，用定位夹固定弧度，将发尾梳到顶点，用一字夹固定，如图1-85。前区左右发片造型要注意两边对称，以及正面两片头发边缘对脸形的修饰，保证头发表面纹理顺滑，无杂发，如图1-86。

图1-81

图1-82

图1-83

图1-84

图1-85

图1-86

（11）取一片发片，发片头部固定在顶点上，用尖尾梳向下梳，在耳下点位置用定位夹固定，然后向后上方弯曲成 U 形，尾端结束于顶点，如图 1-87。借助发型工具整理碎发和固定形状，如图 1-88。U 形发片底部要与耳下点位置齐平，底端较宽，如图 1-89。

（12）另一侧操作方法相同，取相等的发片，在耳下点的位置开始向后上方弯曲成 U 形，发片尾部结束于顶点，用一字夹固定，如图 1-90。用发型工具整理碎发，注意头发纹理清晰，方向一致，如图 1-91。两边操作完成之后，从正面检查两边发片大小、位置、宽度是否对称，随后做微调使两侧基本达到一致，如图 1-92。

图 1-87

图 1-88

图 1-89

图 1-90

图 1-91

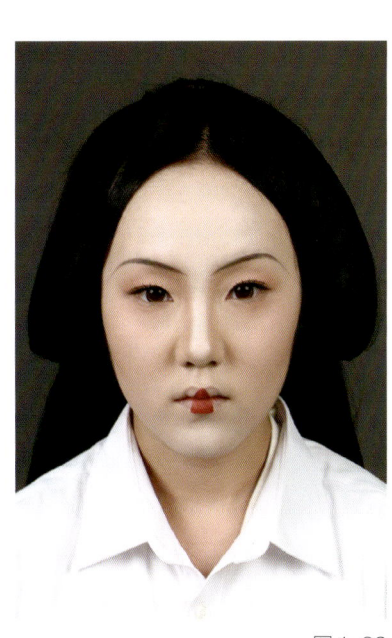

图 1-92

（13）取一条辫子，绕黄金点缠绕遮盖住底部上卡子区域，形成饼状，如图1-93。辫子缠绕到头部左右转角点位置即可，用U形夹固定，固定时注意隐藏卡子，切勿露在表面，如图1-94。

（14）选择一个与辫子底座直径相同的椭圆形假发包放置在辫子底座上，用一字夹左右固定，如图1-95。在假发包外面平铺一片无卡假发片，使发型看起来更融合，直发片在发包背面底部收尾，用一字夹固定，做好隐藏，如图1-96。在发包表面套一层隐形发网，并在发包背面底部用U形夹收尾，加固表面直发，使其不移位，如图1-97。用单根辫条将底座发包缠绕至辫条不能再缠绕为止，用一字夹固定，辫条缠绕高度不要超过底座发包一半，如图1-98。

图1-93

图1-94

图1-95

图1-96

图1-97

图1-98

（15）将剩下的披发用梳子梳顺，涂抹少量发蜡在头发上，如图1-99。把披发分成上下两层，将上层部分的披发发尾向上挽至肩膀处，用松紧带扎紧，如图1-100。将上层披发发尾向下挽成蝴蝶结形状，用松紧带扎紧，而后在发尾处涂抹发蜡整理碎发，喷少量发胶定型，如图1-101。做发型时需注意侧面发型轮廓形状美观，如图1-102。背面发型展示效果，如图1-103。配以简约发饰作为装饰，如图1-104。

图1-99

图1-100

图1-101

图1-102

图1-103

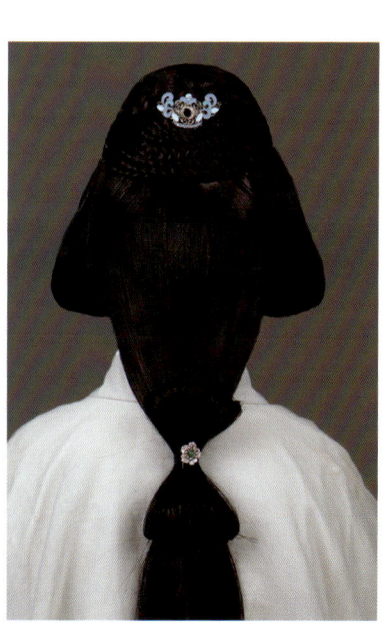

图1-104

3. 妆造展示

整体妆造效果如图 1-105。

图 1-105 整体妆造图

五、任务实施

布置任务，组织和引导学生学习汉朝妆容和发髻相关知识点与技能点，并进行实操练习。学生在老师的指导下结合案例示范，进行小组实操，完成下表所列任务清单。

任务实施名称	任务清单内容	备注
选定人物	通过重庆高校在线开放课程平台和超星课程平台学习通进入课程和班级进行课程学习，自行选定一个汉朝经典人物，从该人物社会地位、所处阶级、身份、外貌特征及相关历史事件等，对该人物做全面的分析和阐述，并以PPT的形式提交至平台	
造型表达	根据汉朝人物妆容与发髻，结合相关知识点的解析与案例分析，对选定人物进行整体化妆造型实操练习，造型设计包括妆面、发髻、饰品、服装、鞋子	
作品拍摄	作品完成后，在摄影棚或室外场景对作品进行拍摄	
后期处理	将拍摄的作品图精选出10张，运用Photoshop等软件精修图片，并将电子版提交至重庆高校在线开放课程平台和超星课程平台	
作品成册	将精修的图片进行排版，打印成册	
视频制作	学生将精修的10张作品图，通过Premiere Pro或剪映等软件制作成短视频提交至重庆高校在线开放课程平台和超星课程平台	

六、任务评价

以小组为单位，对本次任务完成情况进行评价，然后在评价基础上修改与完善，并根据评分标准进行评分。

班　　级： 小　　组： 姓　　名：			指导教师： 日　　期：				
评价项目		评价标准	评价方式			权重	得分小计
			学生自评（15%）	小组互评（25%）	教师评价（60%）		
诊断性评价	线上学习	1. 课件学习情况 2. 视频观看情况 3. 答疑讨论情况				10%	

过程性评价	职业技能	1. 掌握古装化妆造型方法与技巧 2. 掌握古装发髻造型方法与技巧 3. 掌握古装整体化妆造型技能				20%	
	职业素养	1. 日常表现情况 2. 沟通协调情况 3. 服务意识情况				20%	
	创新能力	能结合所学古装造型技法，进行古装造型变换				20%	
终结性评价	成果检验	1. 能按质保量地完成任务 2. 能准确表达、汇报与展示任务成果				30%	
合计							
综合评价	教师点评：						

七、任务拓展

1. 通过汉朝妆面与发髻知识的学习，在完成本任务实训的过程中，你学会了哪些知识与技法？掌握的程度如何？是否会技法的拓展运用？请画出思维导图。

2. 请根据所学的汉朝古装造型知识技能，以一个汉朝题材的影视剧目为参考，选定剧中一个女性人物，进行人物造型再设计。

任务二

唐朝人物造型

一、任务布置
二、任务要求
三、相关知识
四、案例分析
五、任务实施
六、任务评价
七、任务拓展

【学习目标】
知识目标：
1. 掌握唐朝妆容种类，不同妆容的特点以及塑造方法；
2. 掌握唐朝发髻种类，不同发髻的髻式形态以及梳法。
技能目标：
1. 具备化妆表现能力；
2. 具备发髻表现能力；
3. 具备唐朝整体人物造型能力。
素质目标：
1. 增强文化自信，弘扬传播优秀传统唐朝文化；
2. 养成仔细、严谨的工作作风。
【建议学时】
16学时。

一、任务布置

根据唐朝妆容与发髻特点，完成一个唐朝人物整体化妆造型。

二、任务要求

妆容造型符合唐朝人物造型的特征——大气、华丽、娇艳、繁华、多变。面妆干净整洁；发髻梳理光滑平整，表面无毛躁碎发，整体饱满；发饰搭配协调；服装选择准确；人物整体形象符合历史背景。

三、相关知识

唐朝是封建社会的鼎盛时期，实现了南北大统一局面，经济、文化、制度都得到了空前的发展。由于丝绸之路的兴起，中西方文化交流更加活跃，唐朝的妆容和发髻也得到了丰富与发展，于初唐、盛唐、中唐和晚唐形成了不同的审美情趣。唐朝妆容主要包括敷面、拍红、上胭脂、描眉、画唇、画花钿、描斜红、点面靥等。

1. 妆容

唐朝妆容种类丰富，包括白妆黑眉、贞元啼妆、元和时世妆、长庆血晕妆、太和险妆、小折枝花子等，如图2-1。

（1）白妆黑眉

白妆黑眉，顾名思义是一种面部施白粉、描画黑眉的妆容，妆面效果黑白对比强烈。

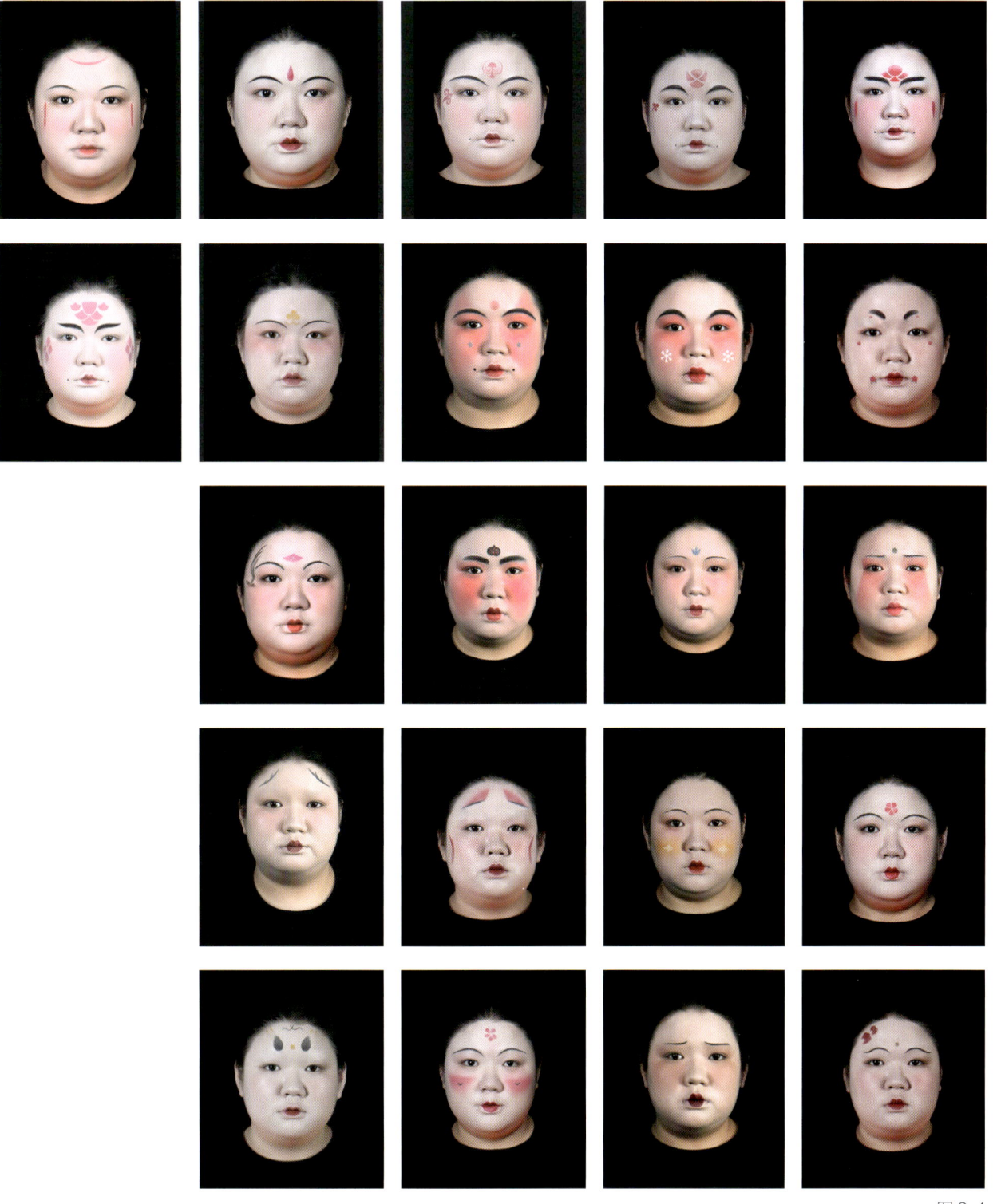

图2-1

（2）贞元啼妆

贞元啼妆面部呈现欲将啼哭之态，其眉画作八字之状，斜红与面妆搭配，使面妆边缘与斜红形成微弱边界线，就像眼泪流下形成的痕迹，给人一种楚楚动人之感。

（3）元和时世妆

白居易的《时世妆》一诗描写了此妆。根据诗中描述，此妆在当时非常流行，白粉打底，两腮面红如赭，斜红与赭面的搭配更显赭面有娇滴之态，双眉作八字形，唇以乌膏（似如黑色的暗红色）涂之。整体妆容给人娇艳欲滴之感。

（4）长庆血晕妆

长庆年间的一种妇女面妆，血晕，顾名思义，面部受伤呈现红晕状态。此妆将眉完全刮去，再在双眼上下描绘三四条紫红色晕痕。《唐语林》记载："妇人去眉，以丹紫三四横，约于目上下，谓之血晕妆。"

（5）太和险妆

太和险妆注重额前装饰，刮掉原本的眉毛，画上新眉，剃掉前额发际线头发，将发际线后移，呈现出宽广饱满的额头。

（6）小折枝花子

在《清异录》第六章中记载："后唐宫人，或网获蜻蜓，爱其翠薄，遂以描金笔涂翅，作小折枝花子，金线笼贮养之。尔后上元卖花，取象为之，售于游女。"从描述中可以看出"小折枝花子"意指将物品贴于面部作装饰。

2. 妆容内容

唐朝眉妆丰富多样，使女子面部神态变化万千。大胆的眉妆样式体现出唐朝人开放的思想，追求创新的精神，以及自我意识的觉醒。唐朝有蛾眉、细柳叶眉、粗柳叶眉、月凌眉、倒晕眉、小山眉、连眉、涵烟眉、连娟眉、佛云眉、垂珠眉、细鸳鸯眉、粗鸳鸯眉、分梢眉等，如图2-2。

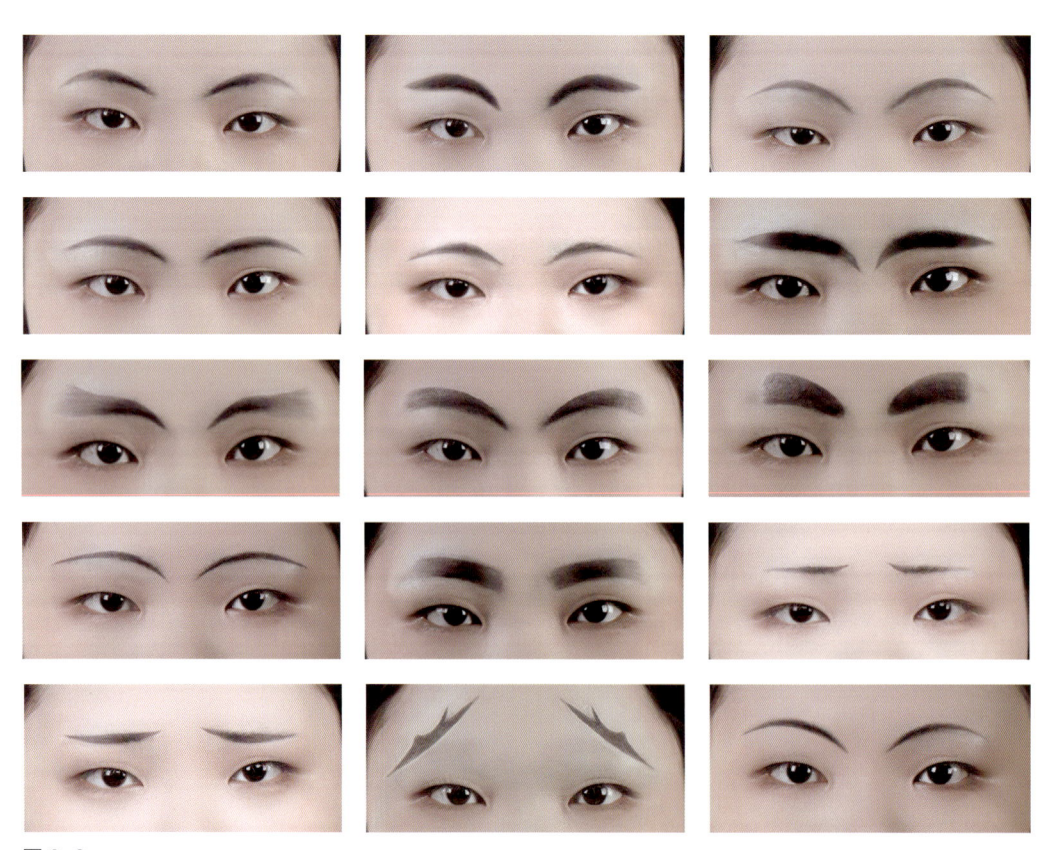

图2-2

唐朝唇妆有以形状命名的，有以颜色命名的，其种类有胭脂晕品、石榴娇、大红春、小红春、嫩吴香、半边娇、万金红、圣檀心、露珠儿、内家圆、天宫巧、洛儿殷、淡红心、猩猩晕、小朱龙、格双唐、媚花奴、檀口、朱唇、丹唇等，如图2-3。

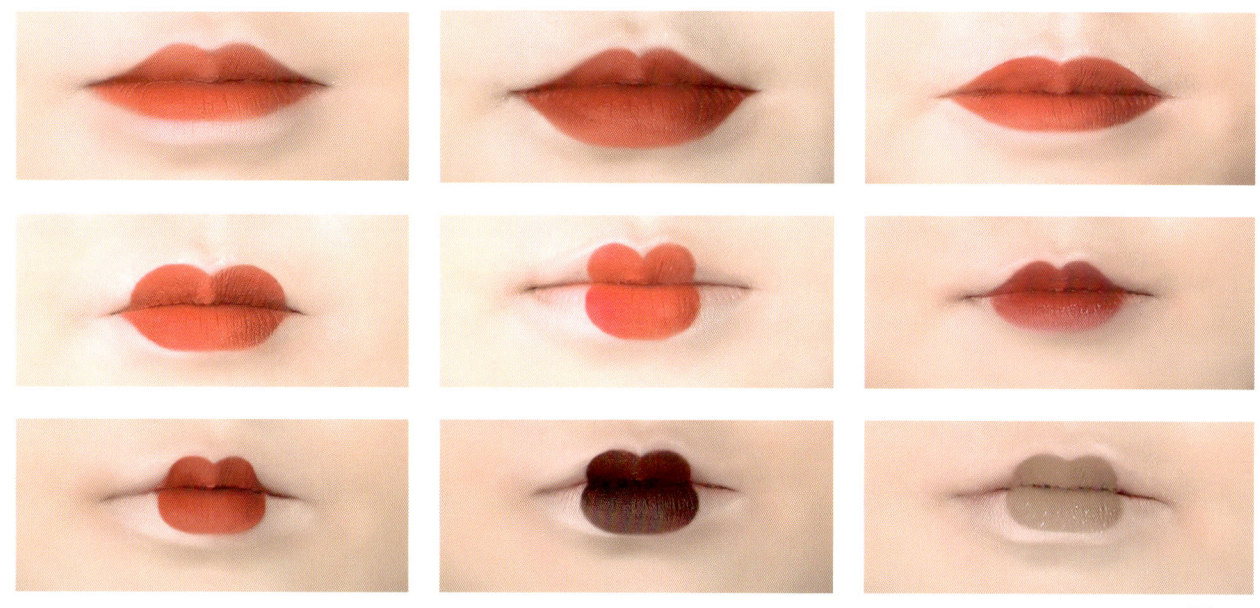

图2-3

花钿是一种额间的装饰物，通常用金银等物品制成各种花型贴在额头。《续玄怪录·定婚店》中说韦固妻"眉间常贴一花子，虽沐浴寝处，未尝暂去"。可以看出唐朝女子对花钿的喜爱。花钿最常见的颜色为红、黄、绿，花钿的形状有圆形、梅花形、滴珠形、鸟形等。

斜红是在面部两侧粘贴或绘制的装饰图案。斜红在初唐时常作竖条形。到武周时斜红已经出现多种图案样式，如祥云形、垂直粗笔刷形等。盛唐时期出现了展翅高飞的鸟儿图案。中唐后斜红由一条发展为两条。晚唐近似镰刀形。

3. 发髻

唐朝发髻新奇多样，体形庞大，以盘发为主，背后不留垂发。有坐愁髻、朝云近香髻、半翻髻等。

（1）坐愁髻

坐愁髻是多个结状的发髻堆于头顶的发式。清徐士俊《十髻谣》描述坐愁髻："江北花荣，江南花歇。发薄难梳，愁多易结。"由此看来，这种成结的发髻像是愁绪一样繁杂难解，给人一种哀愁之感，如图2-4。

（2）朝云近香髻

朝云近香髻是将头发拧盘交替叠在头顶的发式，如图2-5。

（3）半翻髻

半翻髻是将头发梳至头顶，绾成扁状，顶部向下弯曲90度左右的发式，如图2-6。

（4）乐游反绾髻

乐游反绾髻是将头发拢于脑后，由下至上反绾于顶，形成一个类似卷筒的形，不使其松垂，如图2-7。

（5）双髻

双髻可以是顶髻式也可以是垂髻式，顶髻式是将头发盘在头顶，绾成双髻，如图2-8；垂髻式是将头发分于头部两侧绾成双垂髻。

（6）双鬟望仙髻

双鬟望仙髻是将头发分成左右两股，然后绾成两个大环形，如图2-9。

（7）漆鬟髻

唐杜佑《通典》记载："漆鬟髻，饰以金铜杂花，状如雀钗。"漆鬟髻指髻形如雀形饰物的钗，是一种假髻，髻上装饰金铜花饰品。

图2-4

图2-5

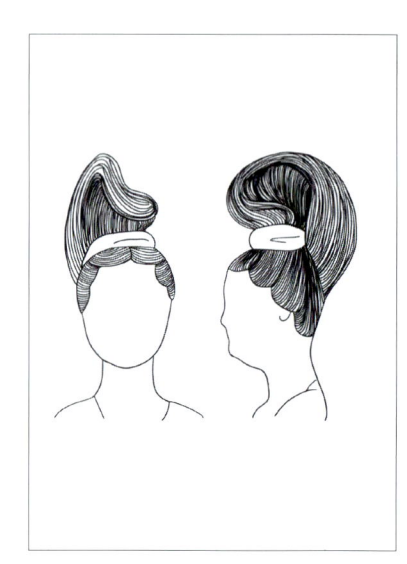

图2-6

图2-7

图2-8

图2-9

(8) 交心髻

交心髻是将头发盘至头顶，绾成两绺作交叉状，如图2-10。

(9) 惊鸿髻

惊鸿髻似鹤停留在头顶，呈展翅飞翔之态，如图2-11。

(10) 倭堕髻

倭堕髻是将头发盘起至头顶部，梳成一个髻，并将髻折叠搭于额前，如图2-12。

(11) 愁来髻

唐段成式《髻鬟品》："贵妃作愁来髻。"愁来髻是将头发上半部分向后绾成一个髻，将髻垂于额前，髻为尾翘起，下半部分头发自然垂下至肩部固定。

(12) 义髻

义髻形似阴阳八卦图中"阴"的图形，圆的一侧置于头顶，尖的一侧置于后脑，如图2-13。

(13) 回鹘髻

回鹘髻是将上半部分头发盘至头顶，作水滴状，顶部向下微曲，下半部分头发垂至肩部固定，如图2-14。

图2-10

图2-11

图2-12

图2-13

图2-14

（14）偏梳髽子

偏梳髽子是将上半部分头发盘至头顶，作一个扁平偏髻，下半部分头发垂至肩部固定，如图2-15。

（15）单髻

单髻是将所有头发盘至头顶，不留垂发，在头顶中间作一个圆形髻，如图2-16。

（16）圆式双髻

圆式双髻就是头顶有两个圆髻，即将头发盘于头顶，不留垂发，分为两股，盘成两个并排圆形髻，置于头顶点与发际线之间。

（17）尖式双髻

尖式双髻是将头发盘于头顶，不留垂发，分为两股，盘两个牛角包形髻，置于头顶点与发际线之间。

（18）偏梳髻

偏梳髻是偏梳在一侧的髻式，如图2-17。

（19）㦬来髻

㦬来髻是一种头发蓬松，髻偏侧于一边的发式。唐罗虬《比红儿诗》："轻梳小髻号㦬来。"如图2-18。

（20）丛髻

元稹《梦游春七十韵》诗"丛梳百叶髻"形容的就是丛髻，丛髻是将头发绾至头顶分成数股，排列成扇形状。

（21）堕马髻

唐朝人把堕马髻形容为蔷薇花低垂伏地的形态，头发蓬松，头一侧绾一髻，髻顶向下弯曲，不留垂发为堕马髻，将髻绾成鬟形垂至一侧为堕马鬟髻，如图2-19。

图2-15

图2-16

图2-17

图2-18

图2-19

（22）归顺髻

《妆台记》："贞元中梳归顺髻。"如图2-20。

（23）闹扫髻

闹扫髻体积较为庞大，不留垂发，将头发梳蓬松，盘至头顶，绾成盖帽似的髻，平盖头面，如图2-21。

（24）盘鸦髻

盘鸦髻是将发髻盘绕于顶，如乌鸦盘旋状，如图2-22。

（25）椎髻

椎髻有圆鬟椎髻、垂鬟椎髻、蛮髻椎髻、蛮鬟椎髻。椎髻都是将头发盘于头顶，完成多样的椎形状，不留垂发。圆鬟椎髻是在顶部髻上绕一个或两个圆环；垂鬟椎髻是将面部两侧头发留出，绕成鬟形，垂于面部两边；蛮髻椎髻是将头发梳蓬松，顶部头发以螺旋的方式绕成髻；蛮鬟椎髻是将头发梳蓬松，顶部头发绾成海浪状。如图2-23至图2-25。

图2-20 　　　　图2-21 　　　　图2-22

图2-23 　　　　图2-24 　　　　图2-25

(26) 高鬟危髻

高鬟危髻是一种髻式较大的发髻，顶部头发隆起，髻尾向后弯曲成环形。头部两侧头发向外舒展出大翅，脑后两侧头发向外舒展出小翅，如图2-26。

(27) 高髻

高髻是相对高耸的发髻，即将头发盘于头顶，绾成各种高耸的形状。有高鬟髻、单鬟高髻、双鬟高髻。高鬟髻是将头发盘于头顶，分股弯曲成数个环形耸立于头顶；单鬟高髻是将头发盘于头顶，向后绾成一个大环形，用簪钗固定；双鬟高髻是将头发盘于头顶，分为两股，在头顶两侧绾成两个大环形，用簪钗固定。如图2-27、图2-28。

(28) 低髻

低髻是垂下的发髻，即将头发左右平均分为两股，在耳处绾髻，髻形似圆或环状，如图2-29。

(29) 云髻

云髻是将头发盘于头顶，绾成云朵状的髻，如图2-30。

图2-26

图2-27

图2-28

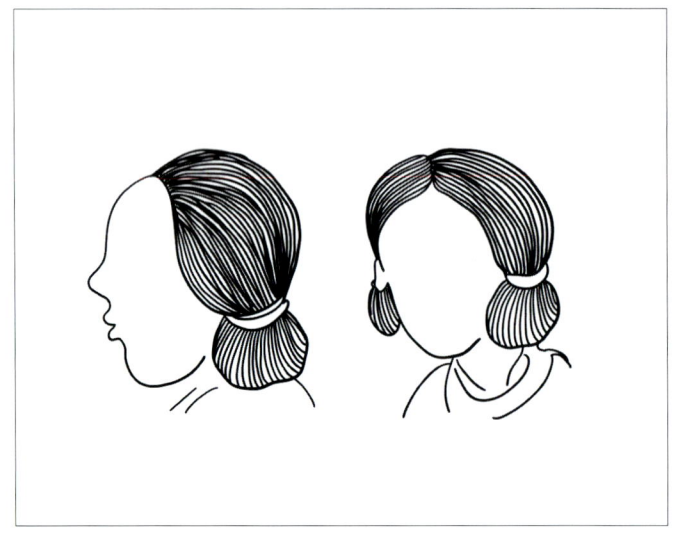

图2-29

图2-30

图 2-31 　　　　　　　　图 2-32

图 2-33 　　　　　　　　图 2-34

图 2-35 　　　　　　　　图 2-36

（30）抛家髻

抛家髻酷似堕马髻，其讲究两鬓抱面，剩余头发盘于头顶，形成底座，而后在头顶固定一个倒钩形的假髻，如图 2-31。

（31）囚髻

囚髻是将头发盘于头顶，绾成一个髻，从髻中留出两侧部分头发压耳抱面，然后于髻根处扎紧，如图 2-32。

（32）拔丛髻

据《唐语林》的描述："唐末妇人梳髻，谓拔丛；以乱发为胎，垂障于目。"这种发型本身较为杂乱，前额头发造型垂至眼部。

（33）朝天髻

朝天髻是头发高耸蓬松的发式，如图 2-33。

（34）双鬟髻

双鬟髻是将左右两侧髻绾成环形，如图 2-34。

（35）三鬟髻

三鬟髻是将头发盘于头顶，分为三股，每股绾成环形。

（36）四鬟髻

四鬟髻是将头发盘于头部两侧，每侧分两股，每股绾成环形。可以直立于头顶两侧，也可垂于耳边，如图 2-35。

（37）六鬟髻

六鬟髻是将头发整体分为左右两股，左右两股各分出三支，各在耳位绕三个环形，如图 2-36。

（38）百叶髻

百叶髻是将头发盘于头顶，分成数股，无规则叠压。百叶髻与丛髻同出一辙，只是叠压方式不同。

（39）垂练髻

垂练髻是将头发分成三份，头顶一份，左右两侧各一份，随机将发尾反折至髻根固定。垂练髻和三角髻都是扎三个小发髻，不同之处在于髻式样式，如图2-37。

（40）垂练双丫髻

垂练双丫髻是由双丫髻演变而来，即将头发分为左右两股，在耳处将发尾向上折起，用绢带将发髻固定在耳前，如图2-38。

（41）螺髻

螺髻是以螺旋的方式绾成的髻，即将头发盘于头顶，向右环绕，形成螺形。

（42）百合髻

发髻整体从中心向外翻卷，似百合花，故命名为百合髻，如图2-39。后来发展为将髻中分出一缕头发垂于脑后为"髾"，就有了百合分髾髻。

（43）侧髻

侧髻是将头发盘至头顶，绾成一个髻，髻顶侧垂弯曲，如图2-40。

（44）宝髻

宝髻是一种盘发，即将头发梳蓬松，两鬓抱面，头发绾至头顶盘高，插戴金玉、钗等贵重饰品，如图2-41。

（45）插梳髻

插梳髻指髻的装饰物为梳，无其他饰品。一般将头发全部盘起插梳，头发蓬松，或两鬓抱面，如图2-42。

图2-37

图2-38

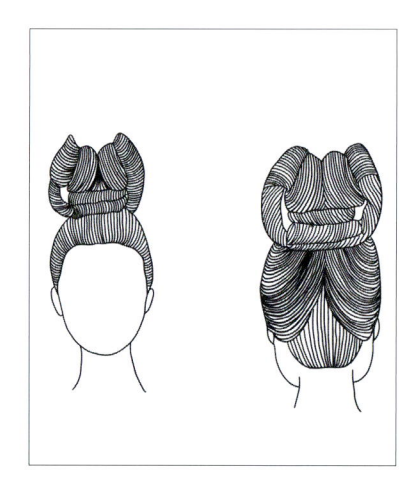

图2-39

图2-40

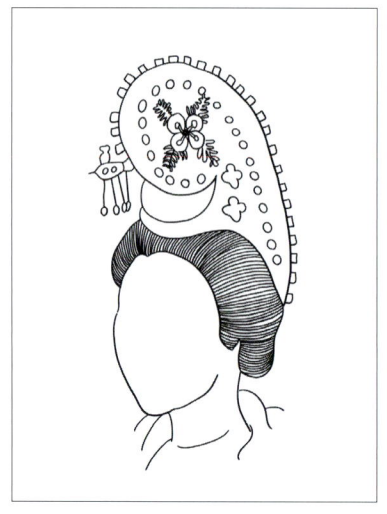

图2-41

图2-42

(46) 包髻

包髻是将头发盘起绾成髻，用丝巾或布等物品将髻包裹起来，再用饰品装饰，如图 2-43。

(47) 丫髻

丫髻通常为未成年人或仕女梳的发髻，即将头发盘起，在头顶两侧分别盘髻，髻尾绕在髻根上，如图 2-44。

(48) 三角髻

三角髻是将头发分成三股，头顶一股，左右两侧各一股，每股绕成环髻，如图 2-45。

(49) 多鬟髻

多鬟髻因形而得名，即在髻上绕多个环形，如图 2-46。

(50) 飞髻

飞髻高可逾尺，它也是假髻的一种，形状如展开的翅膀，如图 2-47。

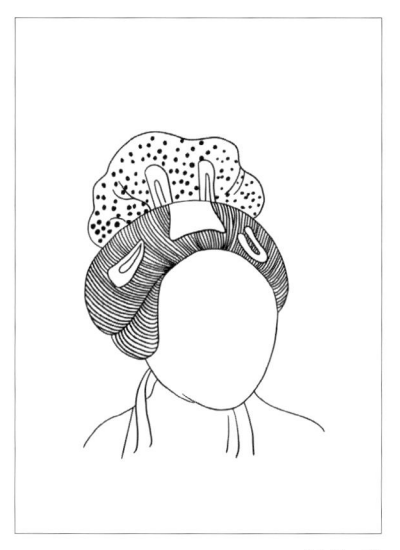

图 2-43 　　　　　图 2-44 　　　　　图 2-45

图 2-46 　　　　　图 2-47

（51）偏髾髻

偏髾髻即头顶梳一卷起如筒状的卧髻，鬓发和额发都垂下，如图2-48。

（52）长髾

长髾是孩童、少男少女、侍婢等梳的一种发式，两鬓长发自然垂下，随风飘动，如图2-49。

（53）刀髻

刀髻有单刀髻和双刀髻，即将头发盘至头顶，梳成刀片的形状，单刀髻梳一个刀片形，双刀髻梳两个刀片形，如图2-50。

（54）帽髻

帽髻是一种平髻，将头发一层一层叠压于头面，如帽一般。

（55）步摇髻

步摇髻指一种插步摇的发髻，如图2-51。

（56）元宝髻

元宝髻是将头发盘至头顶，将髻绾成元宝形状，如图2-52。

（57）佛髻

佛髻类似释迦牟尼的发型，即将头发盘旋于头顶形成螺状，如图2-53。

图2-48

图2-49

图2-50

图2-51

图2-52

图2-53

（58）两丸髻

两丸髻大多为幼童梳的发髻，是将头发分为两股，盘至两侧，绾成一串丸子状，如图2-54。

（59）小髻

小髻是梳一个髻或两个髻，髻形如球，如图2-55。

（60）花髻

花髻的髻式较高，其以花簪修饰发髻，而得名"花髻"。唐周昉《簪花仕女图》中仕女所梳的就是花髻，如图2-56。

（61）盘恒髻

盘恒髻是将头发编成辫，盘旋在头上，如图2-57。

（62）鸾髻

鸾髻指髻上插戴鸾凤饰品，如图2-58。

（63）鸟髻

鸟髻指头戴鸟形饰品，是一种源于西域的髻式，如图2-59。

图 2-54

图 2-55

图 2-56

图 2-57

图 2-58

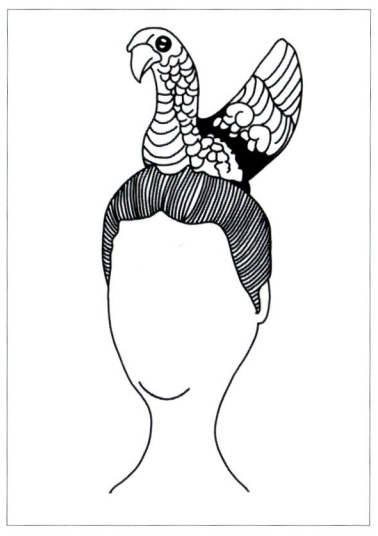

图 2-59

(64) 翔凤髻

翔凤髻指在髻上装饰翔凤簪钗，如图 2-60。

(65) 珠髻

珠髻指发髻上装饰珠翠等饰品，如图 2-61。

图 2-60 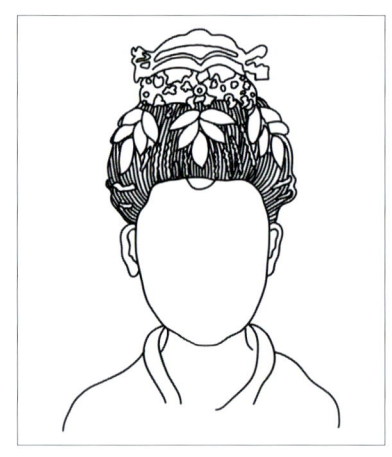　　　　　　　　图 2-61

四、案例分析

本案例是根据唐朝妆容和发型特征，结合现代化妆技术及古装人物造型手法，设计的一款体现唐朝人物形象的整体妆造。

造型特点：妆面艳丽饱满，髻式夸张。

妆容技法：修眉技法、遮瑕技法、打底技法、侧影技法、提亮技法、眼影技法、夹睫毛技法、贴假睫毛技法、描眉技法、扫腮红技法、画唇技法等。

发型技法：分区技法、三股辫发技法、盘底座技法、半头套技法、遮盖技法、前片造型技法、真假发结合技法、松紧绳使用技法、下卡子技法等。

工具准备：

底妆：隔离霜、遮瑕膏、粉底液、粉底膏、定妆喷雾、定妆粉、粉底刷、提亮刷、侧影刷、美妆蛋等；

眼妆：眼影刷、眼影盘、眼线笔、亚光高光、蕾丝双眼皮贴、睫毛夹、睫毛膏、超自然假睫毛、睫毛胶、镊子、棉签等；

眉妆：修眉刀、修眉剪、眉笔等；

唇妆：润唇膏、亚光口红、唇刷等；

腮红：腮红粉、腮红刷、腮红膏等；

侧影：修容粉、修容膏、鼻侧影刷、脸部侧影刷、发际线粉等；

发型：假发包、牛角包、曲曲发、顺直发、发片、尖尾梳、发网、发胶、发蜡棒、发冻、固定夹、皮圈、一字夹、U 形夹、松紧绳等。

1. 妆容步骤

（1）上妆前可对皮肤进行保湿处理。可采用涂抹保湿乳液和敷面膜等方式调整皮肤状态，使面部皮肤更滋润，后续底妆更加贴合，如图 2-62。

码 2-1 唐朝人物妆容步骤

（2）将眉毛周围的杂毛用修眉刀剔除，刮出基础眉形，注意眉峰高于眉头，然后用眉剪剪掉较长的眉毛，散落的眉渣用胶带粘除，保持皮肤干净，如图2-63。

（3）用隔离霜对皮肤做一层基础打底。将隔离霜点涂在模特面部，用手指以打圈的方式均匀涂抹于面部（隔离霜在保护皮肤的同时起到均匀肤色的效果），如图2-64。

（4）可采用粉底液或粉底膏上底妆。选择较白色号的粉底，用刷子将粉底均匀平刷在面部，注意眼部周围、鼻翼和嘴角均匀授粉，如图2-65。用湿海绵扑蘸取粉底在手背拍匀后，以拍打、按压的手法将刷痕拍匀，使皮肤更加均匀授粉。注意这里用的是粉底膏，粉底膏的整体遮瑕效果非常好，因此上粉底前没有进行遮瑕，如图2-66。

（5）用湿海绵扑蘸取红色腮红膏，在眼部及脸颊处以拍打手法上一层薄薄的浅红色，注意晕红要有渐变，外眼角到内眼角、外眼角到脸颊的过渡要自然，如图2-67。用美妆蛋蘸取腮红膏重复轻拍整个眼皮和脸颊处，直至

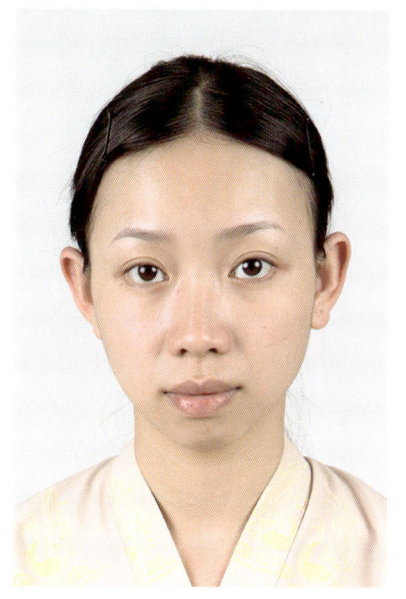

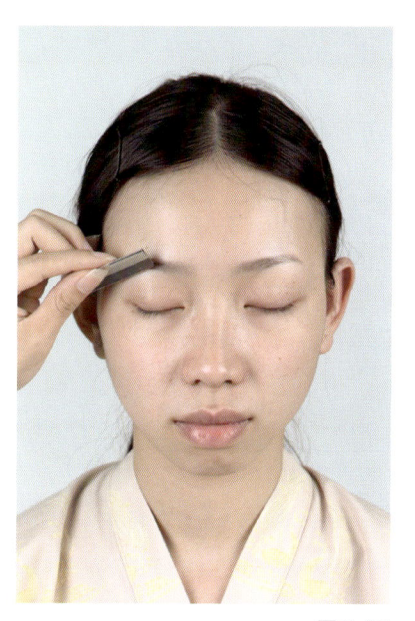

图2-62

图2-63

图2-64

图2-65

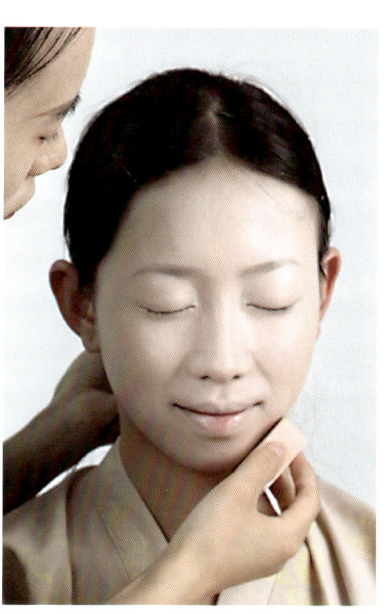

图2-66

图2-67

颜色饱和，注意晕红边缘需过渡自然，如图 2-68。注意腮红面积以及位置，如图 2-69。用小号粉底刷蘸取深红色腮红膏晕染上眼睑处，加强晕红层次与立体感，如图 2-70。

（6）用散粉进行全脸定妆，如图 2-71。

（7）由于散粉具有遮盖力，需用大号腮红刷蘸取桃红色腮红，大面积晕染在膏状晕红位置，如图 2-72。为加深上眼睑处眼影颜色，塑造眼部立体感，用中号眼影刷蘸取红色眼影，以少量多次的形式从眼尾向眼头晕染，让颜色与颜色之间自然过渡，如图 2-73。用腮红刷蘸取红色眼影，对眼睛周围进行晕染，如图 2-74。用中号眼影刷蘸取红色眼影再次晕染上眼睑处，如图 2-75。用小号火苗刷蘸取深红色眼影再次加深眼尾，如图 2-76。

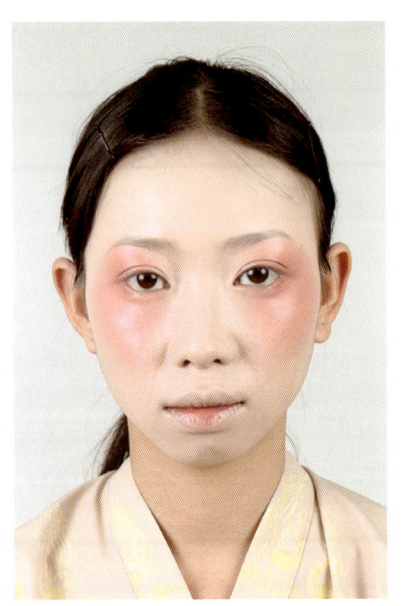

图 2-68

图 2-69

图 2-70

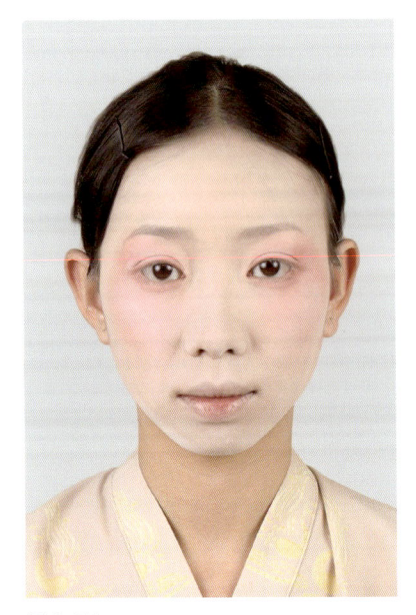

图 2-71

图 2-72

图 2-73

（8）用黑色眼线液笔勾画内眼线，带出一点眼尾。眼线的宽度可参照双眼皮的宽度来画，画眼线时手不要抖，保证眼线的流畅感，如图 2-77。

（9）选取非常自然的假睫毛，调整真睫毛的形状后，用镊子夹取假睫毛粘贴在真睫毛根部，让假睫毛与真睫毛完美结合，如图 2-78。为了追求更加真实的效果，这里选择的是一簇一簇的假睫毛，贴这种睫毛时注意靠内眼角处睫毛要短且稀疏，靠外眼角处要长且密，如图 2-79。

图 2-74 　　　　　　　　　　　图 2-75 　　　　　　　　　　　图 2-76

图 2-77 　　　　　　　　　　　图 2-78 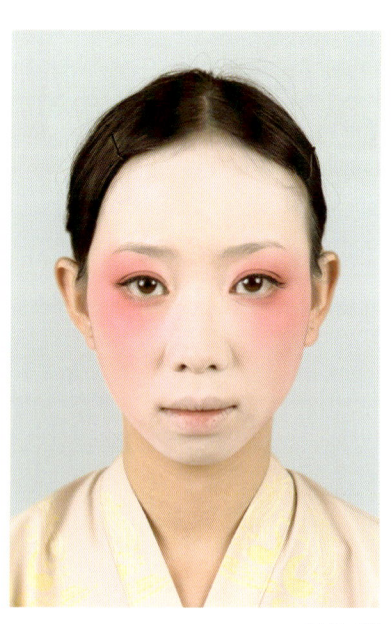　　　　　　　　　　　图 2-79

（10）用鼻侧影刷蘸取修容粉扫在眼窝与鼻子两侧阴影处，增强鼻子立体感，如图2-80。

（11）用大号修容刷蘸取修容粉在颧骨下方和脸颊轮廓处晕染阴影，增加脸部立体感，如图2-81。

（12）首先确定眉头、眉峰和眉尾的位置，用灰棕色眉笔勾勒类似月牙形眉形轮廓，然后填充颜色，最后用黑色眉笔加深整体眉色，如图2-82。用遮瑕刷蘸取遮瑕对眉毛边缘部分进行遮盖处理，遮盖部分进行局部定妆，如图2-83。

（13）用带有红色眼影的眼影刷，再次加深上眼睑处眼影颜色，增强眼影颜色饱和度和眼部立体感，然后用遮瑕将原本的唇色盖住，用唇笔勾勒出M形唇形轮廓，如图2-84。

（14）用唇刷蘸取正红色口红填充勾勒的唇形，再在额头正中画上花钿，在花钿中间贴上白色珍珠，妆容完成，如图2-85。

图2-80

图2-81

图2-82

图2-83

图2-84

图2-85

2. 发型步骤

（1）用尖尾梳从左右耳上点向后划出一条分界线，分出1区和2区后，头发表面抹上发蜡向后梳顺，用松紧皮筋环绕马尾根部两圈固定，如图2-86。分区时从顶前点向下划分，留出刘海，如图2-87。

（2）用尖尾梳将刘海向面部方向梳平整，如图2-88。

（3）取一个牛角包固定在刘海根部，用钢夹从牛角包两头向中间固定。如果模特刘海发量较为稀少，可以用假发片代替，如图2-89。用尖尾梳将刘海向后梳，涂抹发蜡整理表面碎发，梳顺后用左手压住刘海尾部，再用定位夹将头发固定在发包表面，如图2-90。定位夹固定好后，用一字夹固定左手压住的刘海尾部，如图2-91。取下定位夹后喷胶固定，

码2-2 唐朝人物发型步骤

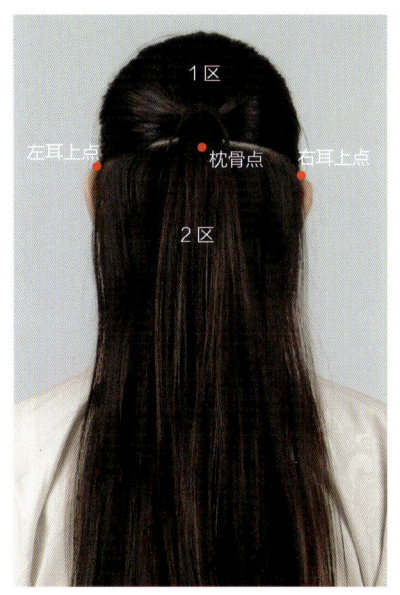

图2-86 　　　　　　图2-87 　　　　　　图2-88

图2-89 　　　　　　图2-90 　　　　　　图2-91

刘海垫包完成，如图2-92。

（4）选取一个或两个直径为4至6厘米的长条圆柱形发包，将发包固定在面部左右两侧，盖住耳朵，注意两边对齐，如图2-93。

（5）取一片或两片顺直发，将直发固定在顶点处，而后将直发覆盖在假发包上，用尖尾梳梳顺，在转角处用定位夹沿发包弧度固定，如图2-94。取后脑一层头发向上倒梳，与马尾一起扎成马尾包，如图2-95。将两侧剩余直发编成三股辫，防止直发散乱，如图2-96。将发辫向后折起，尾部固定在头顶，注意发辫遮盖住发包边缘处，以达到装饰的效果，如图2-97。

图2-92

图2-93

图2-94

图2-95

图2-96

图2-97

（6）取一个大小合适的半圆形假发包，发包边缘与顺直发连接，用一字夹固定在后枕骨部位，如图2-98。

（7）将剩余披发用尖尾梳向上倒梳，用发蜡棒或发胶处理碎发后梳顺，注意头发要均匀平铺在整个发包表面，最后在头顶处将发尾做拧绳处理，用U形夹固定，如图2-99。最后整理好边缘衔接处，切勿漏出内部发包，然后喷上一层雾面发胶固定，如图2-100。注意正面两边对称，发型轮廓完整边缘不毛躁，如图2-101。

（8）选取一个南瓜发包，放置在头顶处，沿发包底部用一字夹固定，注意固定时表面头发不要弄乱，底部固定要非常稳，如图2-102。

（9）选择一些饰品装饰在发型上，该唐朝发型完成，如图2-103。

图2-98

图2-99

图2-100

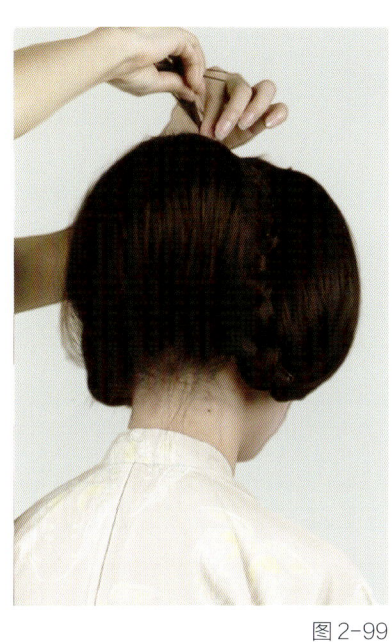

图2-101

图2-102

图2-103

3. 妆造展示

整体妆造效果如图 2-104。

图 2-104 整体妆造图

五、任务实施

布置任务，组织和引导学生学习唐朝妆容和发髻相关知识点与技能点，并进行实操练习。学生在老师的指导下结合案例示范，进行小组实操，完成下表所列任务清单。

任务实施名称	任务清单内容	备注
选定人物	通过重庆高校在线开放课程平台和超星课程平台学习通进入课程和班级进行课程学习，自行选定一个唐朝经典人物，从该人物社会地位、所处阶级、身份、外貌特征及相关历史事件等，对该人物做全面的分析和阐述，并以PPT的形式提交至平台	
造型表达	根据唐朝人物妆容与发髻，结合相关知识点的解析与案例分析，对选定人物进行整体化妆造型实操练习，造型设计包括妆面、发髻、饰品、服装、鞋子	
作品拍摄	作品完成后，在摄影棚或室外场景对作品进行拍摄	
后期处理	将拍摄的作品图精选出10张，运用Photoshop等软件精修图片，并将电子版提交至重庆高校在线开放课程平台和超星课程平台	
作品成册	将精修的图片进行排版，打印成册	
视频制作	学生将精修的10张作品图，通过Premiere Pro或剪映等软件制作成短视频提交至重庆高校在线开放课程平台和超星课程平台	

六、任务评价

以小组为单位，对本次任务完成情况进行评价，然后在评价基础上修改与完善，并根据评分标准进行评分。

班　　级：
小　　组：
姓　　名：

指导教师：
日　　期：

评价项目		评价标准	评价方式			权重	得分小计
			学生自评（15%）	小组互评（25%）	教师评价（60%）		
诊断性评价	线上学习	1. 课件学习情况 2. 视频观看情况 3. 答疑讨论情况				10%	

过程性评价	职业技能	1. 掌握古装化妆造型方法与技巧 2. 掌握古装发髻造型方法与技巧 3. 掌握古装整体化妆造型技能				20%	
	职业素养	1. 日常表现情况 2. 沟通协调情况 3. 服务意识情况				20%	
	创新能力	能结合所学古装造型技法，进行古装造型变换				20%	
终结性评价	成果检验	1. 能按质保量地完成任务 2. 能准确表达、汇报与展示任务成果				30%	
合计							
综合评价	教师点评：							

七、任务拓展

1. 通过唐朝妆面与发髻知识的学习，在完成本任务实训的过程中，你学会了哪些知识与技法？掌握的程度如何？是否会技法的拓展运用？请画出思维导图。

2. 请根据所学的唐朝古装造型知识技能，以一个唐朝题材的影视剧目为参考，选定剧中一个女性人物，进行人物造型再设计。

任务三

宋朝人物造型

一、任务布置
二、任务要求
三、相关知识
四、案例分析
五、任务实施
六、任务评价
七、任务拓展

【学习目标】
知识目标：
1. 掌握宋朝妆容种类，不同妆容的特点以及塑造方法；
2. 掌握宋朝发髻种类，不同发髻的髻式形态以及梳法。
技能目标：
1. 具备化妆表现能力；
2. 具备发髻表现能力；
3. 具备宋朝整体人物造型能力。
素质目标：
1. 增强文化自信，弘扬传播优秀传统宋朝文化；
2. 养成仔细、严谨的工作作风。
【建议学时】
16学时。

一、任务布置

根据宋朝妆容与发髻特点，完成一个宋朝人物整体化妆造型。

二、任务要求

妆容造型符合宋朝人物造型的特征——简约、清雅、端庄、精致、华丽。面妆干净整洁；发髻梳理光滑平整，表面无毛躁碎发，整体饱满；发饰搭配协调；服装选择准确；人物整体形象符合历史背景。

三、相关知识

宋朝是一个注重礼教的朝代，倡导仁、义、礼、智、信。在礼的教化下，人们的思想相对唐朝保守。在这样的思想背景下，宋朝妆容与发式表现出严谨而雅致的特点。

1. 妆容

宋朝妆容有檀晕妆、薄妆、素妆、泪妆、宣和妆、花钿妆、珍珠花钿妆、花面妆、飞霞妆、慵来妆等。

（1）檀晕妆

因用一种粉红色的檀粉敷面而得名。它是一种素雅的红妆，以铅粉打底，檀粉敷面，檀粉均匀晕染在眉毛以下的面部。

（2）薄妆

是一种较为清新淡雅的妆容，薄施朱粉，面色微红。

（3）素妆

脸部略施白粉，点唇，不施红粉，是一种素雅的淡妆。

（4）泪妆

模仿流泪的一种妆容，两颊或眼角施素粉作眼泪。

（5）宣和妆

北宋宣和年间宫廷中流行的一种妆容，佩戴莽肩冠，插禁苑瑶花。

（6）花钿妆

用金箔、鱼鳃骨等材料制成花钿粘贴在脸部。

（7）珍珠花钿妆

又名"珍珠妆"，是将珍珠制作成花钿、斜红、面靥装饰于面部。

（8）花面妆

又称"花面"，将多个面部装饰物无规则地贴于面部，如满面贴花。

（9）飞霞妆

一种施朱和敷白粉化妆步骤颠倒所呈现出的白里透红的飞霞景象，故名。

（10）慵来妆

薄施朱粉，浅画双眉，鬓发蓬松而卷曲，一般配堕马髻。

2. 妆容内容

（1）眉妆

宋朝眉妆种类有长蛾眉、浅文珠眉、出茧眉、倒晕眉、八字眉等。

长蛾眉：眉头高、眉尾低，眉头宽、眉尾窄，呈现出一种楚楚动人之态，如图3-1。

浅文珠眉：主要为尼姑所画，眉式淡雅纤细，眉色轻，眉身长。

出茧眉：眉形短且宽，如春蚕出茧之状。

倒晕眉：眉形如弯月，眉身向上晕染，眉头眉尾细且向下弯曲，眉身宽而向上拱起，如图3-2。

八字眉：如八字状，眉头高，眉尾低，眉身倾斜幅度较大，如图3-3。

| 图3-1 | 图3-2 | 图3-3 |

（2）唇妆

宋朝唇形以樱桃小口为美，颜色以淡雅为主。

（3）面靥

亦称"妆靥"，是指对嘴角笑靥处的美化修饰，面靥有星靥、宝靥、玉靥、粉靥、团靥等。

星靥：以唇脂、胭脂或圆形金纸点颊。
宝靥：以珍珠或宝石等稀有物品制作成花钿，装饰两颊。
玉靥：以珠翠制作而成的面靥，贴于两颊。
粉靥：以脂粉点画两颊。
团靥：将黑光纸剪成圆形贴于两颊，或在圆形黑光纸上装饰鱼鳃骨（称为"鱼媚子"）将其贴于两颊。

（4）花钿

花钿是美化额部的一种装饰，通常位于眉心靠上位置。花钿种类有鱼媚子、梅钿、翠钿、珍珠钿、粉钿等。

鱼媚子：《宋史》中说京都妇女剪黑光纸团靥，镂刻鱼鳃中骨，做成花饰，用以饰面，名曰"鱼媚子"。即用彩纸、鱼鳃骨等剪镂成各种花形，染以颜色后饰面。

梅钿：梅花图案的花钿。

翠钿：翠钿不是贴或涂于面部，而是黥刺于面，类似于现在的文身。

珍珠钿：以珍珠为主要材料，做成花钿，贴于额部。

粉钿：将图案描绘在额面。

3. 发髻

受程朱理学"存天理，灭人欲"思想影响，宋人较为注重礼教。从某种程度上来说，这抑制了人欲，影响了人的创造力，因此宋朝的妆容发饰不如唐朝的华丽炫目，整体较为稳重内敛。宋朝发髻种类有朝天髻、同心髻、一窝丝、盘福龙髻、流苏髻等。此外，宋朝头冠非常流行，冠的种类有重楼子花冠、一年景花冠、玉兰苞花冠、元宝冠等。冠式也是身份和地位的象征，太后戴珠冠和龙凤珠钗冠，冠上有小人物二十四个，还有用珍珠编串的卷云、游龙、花草等，如宋仁宗之母刘太后所戴之冠；皇后戴龙凤花钗冠，冠上有大小花二十四株，有游龙、祥云、珠串等，如宋英宗皇后所戴之冠；太子妃戴花钗冠，冠上有大小花十八株。

（1）朝天髻

高髻中的一种，两个圆柱形发髻并排耸立于头顶，发髻一端上扬，一般用各式珠宝等物品装饰，如图3-4。

（2）同心髻

高髻中的一种，是将头发全部盘于头顶，绾成一个高高的圆形。陆游《入蜀记》："未嫁者率为同心髻，高二尺，插银钗至六只，后插大象牙梳，如手大。"由此可知同心髻可高达60多厘米，如图3-5。

（3）一窝丝

高髻中的一种，将头发盘于脑后，绾成一个类似圆形的髻，髻上用簪钗等饰品修饰，其髻类似于同心髻，如图3-6。

（4）盘福龙髻

盘福龙髻又称"便眠髻"，此发髻盘在脑后，其外形大而扁，便于仰卧，如图3-7。

图3-4

图3-5

图3-6

(5) 流苏髻

高髻中的一种，由同心髻演变而来，在头顶盘一个大髻，髻向后倾斜，将丝带系在髻根处，丝带两端垂于双肩，似流苏一般，再用簪钗装饰，如图3-8。

(6) 插长梳

插长梳是用一个较大、较长的梳子修饰脑后的发髻，一般梳长约为头宽，如图3-9。

(7) 危髻

危髻是将耳上头发向外延展成鸟儿展翅状，余发盘起于脑后绾成一个椭圆形髻，髻尾向上翘起，髻周围用饰品装饰。

(8) 双蟠髻

双蟠髻亦称"龙蕊髻"。苏轼词："绀绾双蟠髻，云欹小偃巾。轻盈红脸小腰身。"其髻式较大，将头发向后翻梳高处，发尾集于头顶后分两股，盘向两侧，用丝绸材质的彩带盘绕在两侧的鬟上，如图3-10。

(9) 三髻丫

三髻丫是将头发盘于顶，分三股挽髻或挽鬟，该髻活泼、可爱、俏皮，多为少女喜爱的髻式，如图3-11。

(10) 包髻

包髻是将头发梳于头顶，用绢或帛等布巾将髻包裹起来做出各种造型，有花朵状、云朵状等，再将簪钗等饰品装饰在髻周围，如图3-12。

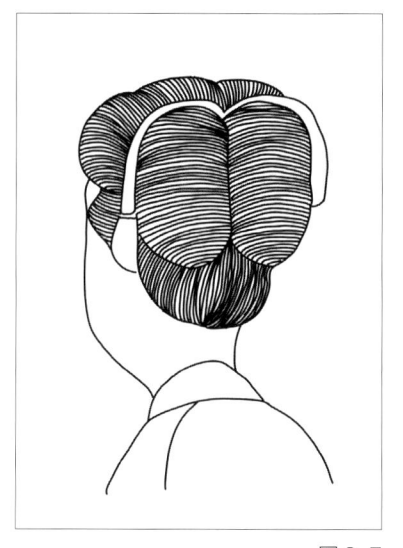

图3-7

图3-8

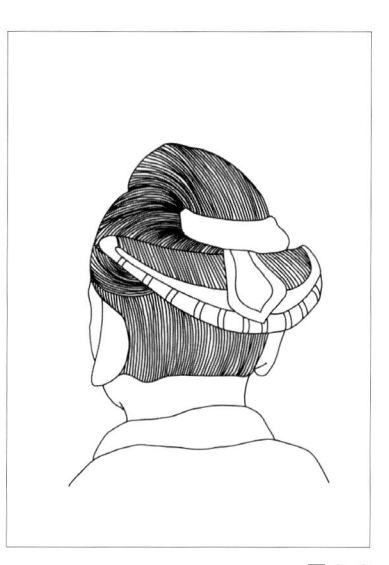

图3-9

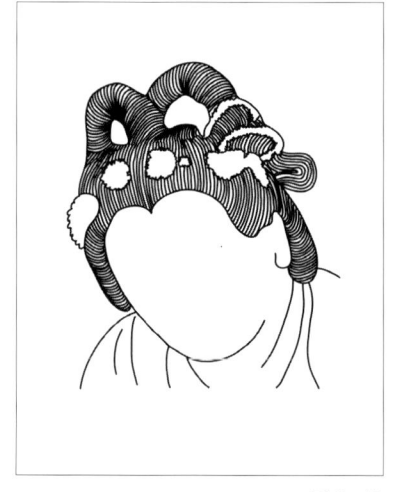

图3-10

图3-11

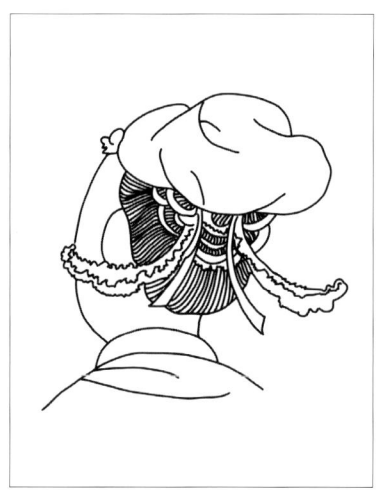

图3-12

（11）鬟髻

鬟髻指髻绕成鬟形，其从圆鬟椎髻演变而来。从现有历史图像可以看出，鬟髻是将头发盘于头顶，分数股，挽成两鬟、三鬟或多鬟耸立于头顶，为高髻，如图 3-13。

（12）飞天髻

高髻中的一种，将头发盘于头顶，分数股，挽成耸立于头顶的大鬟，类似双鬟髻、三鬟髻等，如图 3-14。

（13）宝髻

宝髻因在髻上装饰各种金银宝玉饰品而得名。北宋司马光《西江月》："宝髻松松挽就，铅华淡淡妆成。"如图 3-15。

（14）罗髻

因髻式类似田螺外壳，又称"螺髻"，即将头发盘于头顶呈螺形。北宋晁补之《下水船》："上客骊驹系，惊唤银屏睡起。困倚妆台，盈盈正解罗结。凤钗垂，缭绕金盘玉指。巫山一段云委。半窥镜、向我横秋水，斜颔花枝交镜里。淡拂铅华，匆匆自整罗绮。敛眉翠，虽有惜惜密意，空作江边解佩。"描述的即是梳罗髻，敷铅粉，描翠眉，穿罗衣。

（15）双螺髻

双螺髻亦称"螺鬟"，指将头发分成两股，扎成螺旋状，如图 3-16。

图 3-13

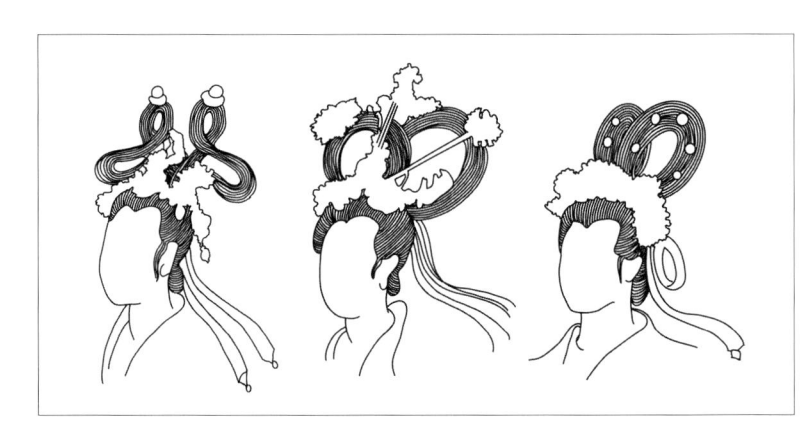

图 3-14

图 3-15

图 3-16

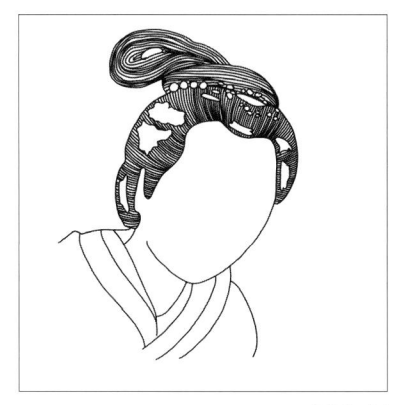

图 3-17

图 3-18

图 3-19

图 3-20

(16) 盘髻

盘髻是盘辫而成的发髻，盘髻分大盘髻和小盘髻，大盘髻髻式做五围，小盘髻髻式做三围，如图 3-17。

(17) 鸾髻

传说"鸾"是凤凰一类的神鸟，又称"鸾鸟"。鸾髻髻式类似鸾鸟，或者是在髻上装饰鸾鸟形状的钗。

(18) 懒梳髻

宋朝有这样一个小故事：三个女伎梳不同的发髻登台，席上人发觉奇怪，便问女伎髻式为何不同，一髻高耸的女伎答道："此名朝发髻。"发髻偏坠的女伎答道："此懒梳髻。"满头发髻的女伎答道："大人方用兵，此三十六髻也。"其中懒梳髻是将髻偏在一侧，髻作下坠之状。与堕马髻相似。

(19) 丫髻

丫髻有双丫髻、三丫髻，将头发分在头部两侧，用一根带有珍珠的头绳固定成鬟，为双丫髻。将头发分为头顶，两侧各一股，扎鬟髻，插短金钗，系红罗头须，上垂珠串，为三丫髻。如图 3-18。

(20) 堕马髻

宋朝堕马髻与之前的堕马髻相比，髻式增高，斜侧一边，簪钗及插梳作装饰，如图 3-19。

(21) 高椎髻

高髻中的一种，将接近额面的头发分出，剩余头发挽于顶部，盘成一个髻，再把分出的头发中分，分三层向两侧后上方梳理，形成层层叠压状，发尾缠绕于发髻根部，可用珠簪、发钗、步摇等饰品固定及装饰，如图 3-20。

(22) 冠梳

冠梳亦称"大梳裹"，也常称"高冠长梳"，即梳高髻，戴高冠，插长梳。唐朝梳形小而多，宋朝梳形大而少，这种高髻需要参合假发梳成，或用假发制作成高冠，插长梳。这是宋朝非常有特色的一款发髻。

(23) 假髻

假髻即现在的假发，假髻在宋朝十分流行。在宋朝假髻有两种使用方式，一是真假髻结合，在梳高髻时，发量不够，添入假髻；二是用假发直接做成髻，用时直接套在头上用簪钗固定，非常方便，深受当时女子们的喜爱。

(24) 特髻

假髻中的一种，特髻有高数尺的。特髻在宋朝时主要为妓女或表演者所用，贵族不梳此髻。

(25) 重楼子花冠

高冠，高可达 1 米，以白色牛角或鱼鲅为冠，重叠堆砌成前后三层，后层高于前层，再簪以花钗修饰花冠，如图 3-21。

(26) 一年景花冠

一年景花冠主要的制作材料是花，其特点是将四季的花卉装饰在发冠之上，展现出四季的美景，呈现百花盛开之状，如图 3-22。

(27) 玉兰苞花冠

高冠，类似于玉兰花苞即将绽开的样子，其形取前后两片花瓣，作中间镂空状，如图 3-23。

(28) 元宝冠

即元宝形冠，中间镂空，将髻放入元宝镂空处固定即可，如图 3-24。

(29) 簪花

即用花装饰髻的发式，如图 3-25。

(30) 扎巾簪花

即在簪花的基础上将头顶部位用帛等物包裹起来，并将帛做成花形系结。

图 3-21

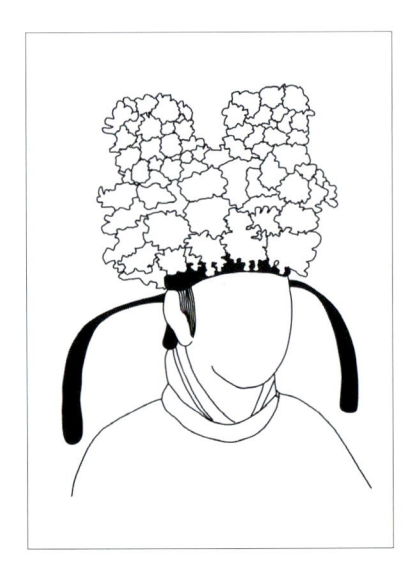

图 3-22

图 3-23

图 3-24

图 3-25

四、案例分析

本案例是根据宋朝妆容和发型特征，结合现代化妆技术及古装人物造型手法，设计的一款体现宋朝人物形象的整体妆造。

造型特点：妆面优雅精致，头戴礼冠，端庄大气。

妆容技法：修眉技法、遮瑕技法、打底技法、拍红扫红技法、修容技法、提亮技法、定妆技法、眼影技法、眼线技法、夹睫毛技法、贴假睫毛技法、描眉技法、画唇技法等。

发型技法：分区技法、扎髻技法、前片造型技法、倒梳交叉技法、垫包技法、遮盖技法、下卡子技法等。

工具准备：

底妆：隔离霜、遮瑕膏、粉底液、粉底膏、定妆喷雾、定妆粉、粉底刷、提亮刷、侧影刷、美妆蛋等；

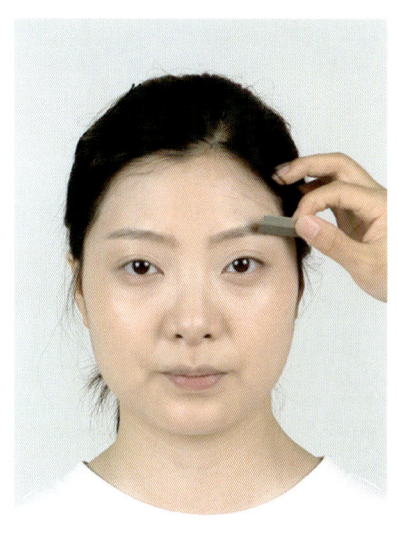

眼妆：眼影刷、眼影盘、眼线笔、亚光高光、蕾丝双眼皮贴、睫毛夹、睫毛膏、超自然假睫毛、睫毛胶、镊子、棉签等；

眉妆：修眉刀、修眉剪、眉笔等；

唇妆：润唇膏、亚光口红、唇刷等；

腮红：腮红粉、腮红刷等；

侧影：修容粉、修容膏、鼻侧影刷、脸部侧影刷、发际线粉等；

发型：假发包、尖尾梳、发网、发胶、发蜡棒、发冻、固定夹、皮圈、一字夹、U形夹、松紧绳等。

1. 妆容步骤

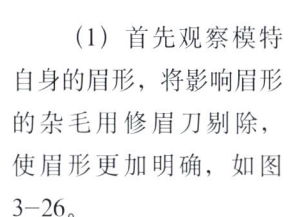

（1）首先观察模特自身的眉形，将影响眉形的杂毛用修眉刀剔除，使眉形更加明确，如图 3-26。

码 3-1 宋朝人物妆容步骤

（2）用遮瑕刷蘸取紫色遮瑕，以平涂的方式，薄薄地刷在眼袋暗沉处，让眼袋从视觉上消失，如图 3-27。再用遮瑕刷蘸取紫色遮瑕，对鼻翼及嘴角处进行遮瑕，如图 3-28。

（3）选择与模特皮肤相近的粉底色号，用粉底刷将粉底少量多次均匀地平刷于面部，注意下眼睑、鼻翼和嘴角位置扫到粉底，如图 3-29。

图 3-26　　　　　图 3-27

图 3-28　　　　　图 3-29

（4）用湿美妆蛋蘸取粉底在手背按压均匀后再轻轻按压面部以均匀刷痕，使粉底和遮瑕更加服帖，如图3-30。

（5）用小号粉底刷蘸取液体修容或膏状修容扫于鼻子两侧，塑造鼻子的立体感，注意修饰鼻子宽窄和长短，修容颜色不宜过深，如图3-31。

（6）选择一个与鼻梁相同宽度的粉底刷，蘸取少量比底色亮一个度的粉底，并将其刷在鼻梁上进行提亮，塑造出鼻子的立体感，从而使面部看起来更加立体，如图3-32。此处上粉底分为三步：肤色打底、侧影加深暗部、提亮拉开面部颜色层次，表现出面部黑白灰效果，使面部轮廓清晰，立体感强，如图3-33。

（7）用干粉扑蘸取少量蜜粉轻轻拍打面部定妆，顺序是从下往上，如图3-34。

（8）定妆会使之前塑造的面部立体感减弱，因此定妆过后用鼻影刷蘸取修容粉再次加深鼻子两侧，增强立体感。如图3-35。

图3-30 　　　　　　　　　　图3-31 　　　　　　　　　　图3-32

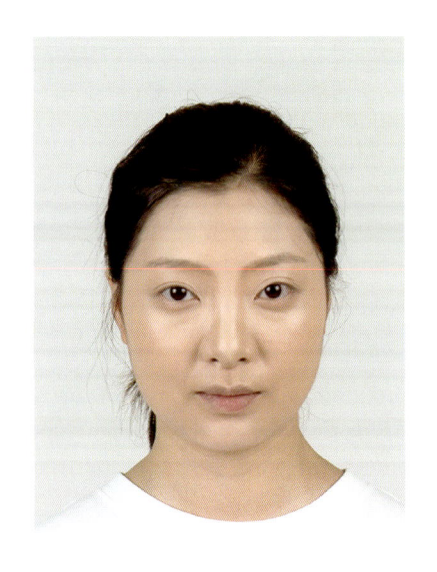

图3-33 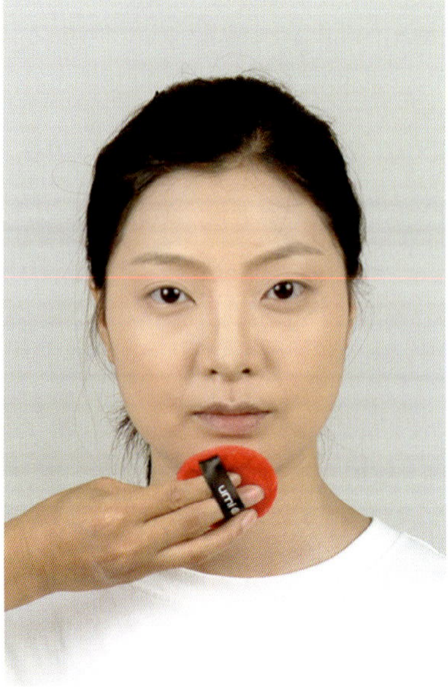　　　　　　　　　　图3-34 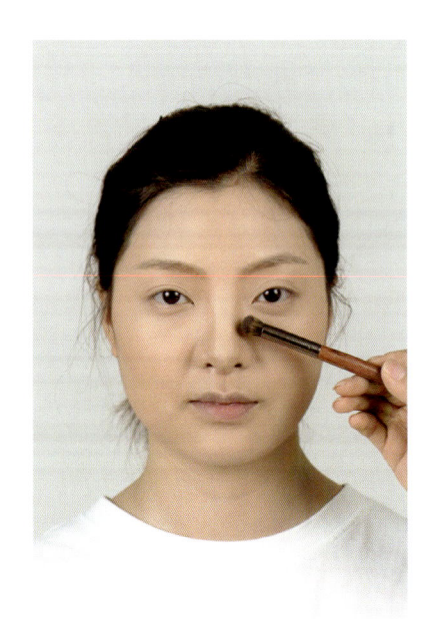　　　　　　　　　　图3-35

（9）用大号修容刷蘸取修容粉再次对面部进行修容，使整个面部更加立体，如图 3-36。

（10）用眼影刷蘸取肤色眼影扫在眼部周围，为眼妆进行打底，如图 3-37。

（11）在模特眼部及周围大面积平扫亚光杏粉色眼影作为眼妆的底色，让眼妆透出自然的红晕质感，如图 3-38。用大号眼影刷加深颜色并使眼影充分晕染开，如图 3-39。

（12）用小号眼影刷蘸取亚光粉色眼影晕染上眼睑处，并使颜色变得饱和，如图 3-40。

（13）用火苗刷蘸取亚光粉色眼影，晕染整个下眼睑，然后用刷子带过外眼角处上眼影的边缘，使上下眼影自然衔接，如图 3-41。

图 3-36 　　　　　　　　　　　图 3-37 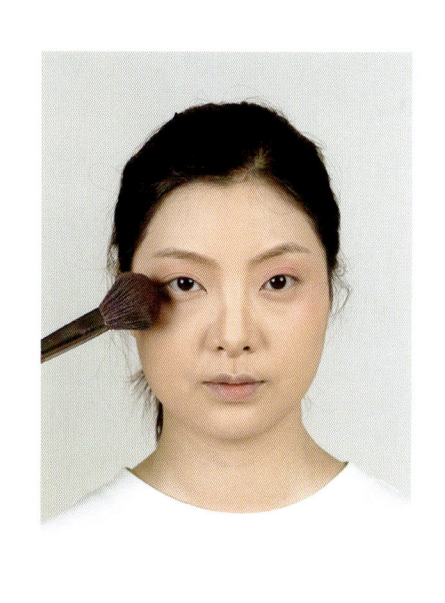　　　　　　　　　　　图 3-38

图 3-39 　　　　　　　　　　　图 3-40 　　　　　　　　　　　图 3-41

(14)用锥形眼影刷蘸取浅酒红色眼影对上眼影进行加深晕染,使上眼影颜色逐渐显现,丰富上眼影层次,再使用相同方法加深下眼影,如图3-42。

(15)选取小号眼影刷,蘸取更深的酒红色眼影晕染双眼皮线以下部位,使眼影加深一个层次,让眼部更加立体,如图3-43。

(16)用眼线液笔填充睫毛根部,让眼睛更加深邃有神,眼部线条更加自然凝练,如图3-44。用手或者棉签将模特眼皮微微抬起漏出睫毛根部,眼线笔与面部呈45度角填充睫毛根部,如图3-45。用笔头较细较软的眼线笔勾勒眼尾,切勿加宽眼线,睫毛根部填充满即可,如图3-46。

(17)选择较为自然的假睫毛(这里选择的是一根一根的假睫毛),用镊子夹住假睫毛并在其根部蘸上胶水,从内眼角往外眼角贴(也可从后往前贴),如图3-47。假睫毛粘贴在真睫毛根部,真假睫毛混合可达到

图 3-42

图 3-43

图 3-44

图 3-45

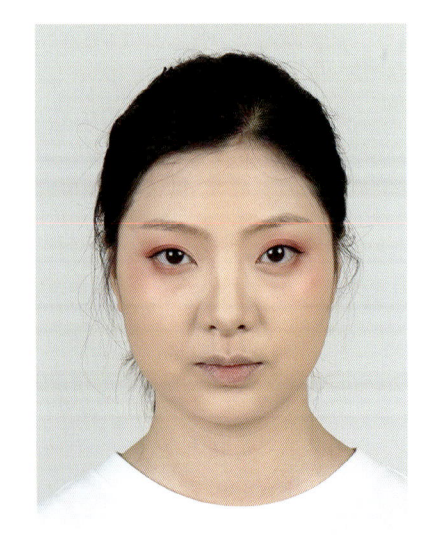

图 3-46

图 3-47

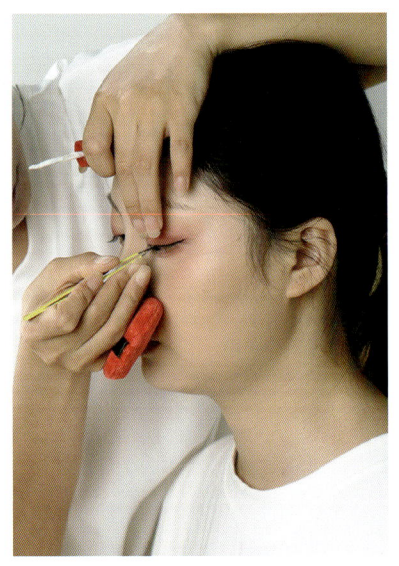

图 3-48

仿真效果，如图 3-48。假睫毛也可以分成三段来贴，每段的长度可从内眼角到外眼角依次增长。最后检查整体效果，进行局部微调，如图 3-49。

（18）在现有的眉形基础上用灰棕色眉笔填充眉色，使整个眉毛形状更加具体、颜色更加均匀，如图 3-50。眉头过渡自然，眉峰舒缓柔和，如图 3-51。

（19）用唇刷蘸取唇膏进行唇部护理，使嘴唇滋润有光泽感，如图 3-52。用唇刷蘸取朱砂色口红叠涂在嘴唇中部，然后用刷子的边缘画出丰满的唇峰，涂出满唇形状，如图 3-53。上唇色时注意嘴唇边缘流畅，唇色饱满，如图 3-54。

（20）在眉心和脸部两侧及笑靥处粘贴合适大小的珍珠，珍珠妆容即完成，如图 3-55。

图 3-49

图 3-50 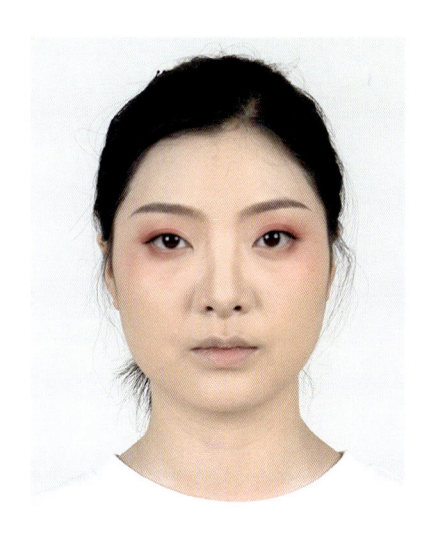　　　　　　图 3-51 　　　　　　图 3-52

图 3-53 　　　　　　图 3-54 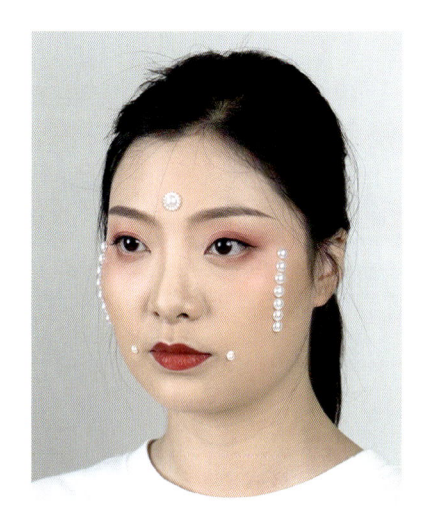　　　　　　图 3-55

2. 发型步骤

（1）用尖尾梳将头发分为3个区，划出分界线。从顶点向右耳上点划出一条分界线，如图3-56。用尖尾梳从顶点向左耳上点划出一条分界线，如图3-57。用尖尾梳从顶点向前点划出分界线，如图3-58。

（2）用尖尾梳从右耳上点向左耳上点划出一条分界线，注意分界线要清晰。分好后3区变为上下两个区域，上为3区，下为4区。用尖尾梳将3区梳顺，然后用发蜡棒或发胶处理小碎发，再用皮圈或松紧绳扎成马尾，如图3-59、图3-60。

（3）将小发网套右手上，右手握住马尾，用左手将马尾环绕在右手掌，左手拿起发网将马尾包裹住，把马尾包平铺于后脑，用一字夹固定，如图3-61。

码3-2 宋朝人物发型步骤

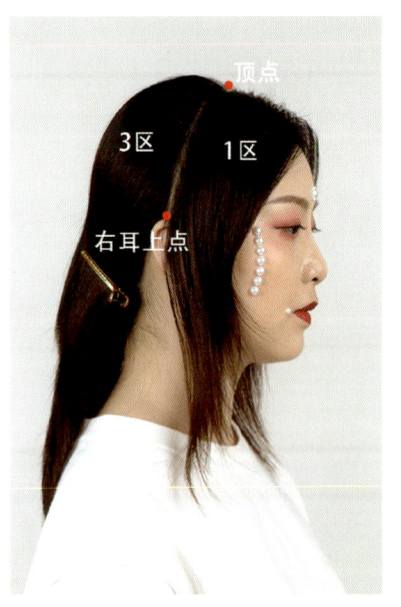

图3-56

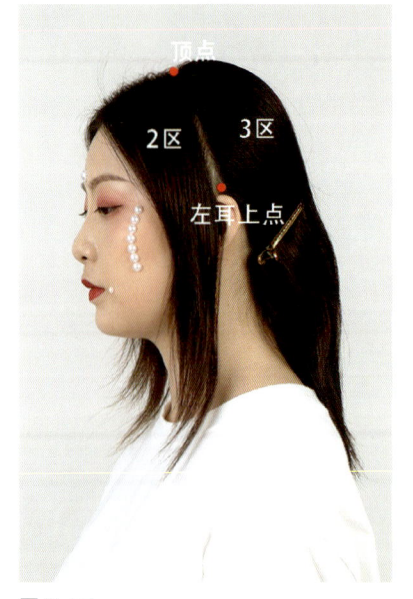

图3-57

图3-58

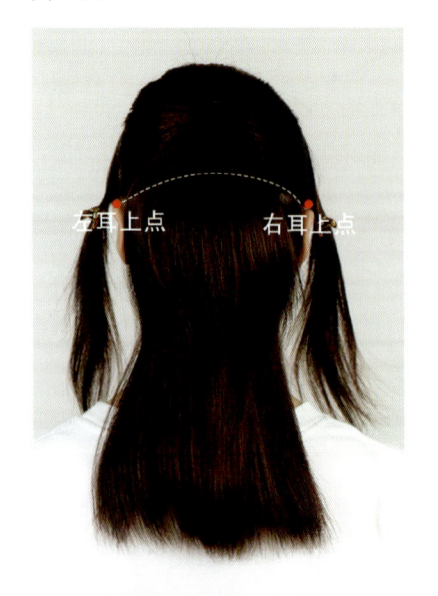

图3-59

图3-60

图3-61

任务三
宋朝人物造型

（4）将1区的头发表面涂上发蜡梳顺，向耳上点方向梳，梳顺后用鸭嘴夹固定，如图3-62。在尖尾梳上喷上发胶后，将后半段头发向后上方梳理，发尾绕马尾包边缘缠绕用U形夹固定，最后将1区头发喷胶固定，如图3-63。

（5）2区头发造型与1区操作方法相同。操作时注意将耳边鬓发顺着发片方向整理，可将发胶喷在尖尾梳尖尾部分，用以整理耳边碎发，如图3-64。

（6）将鸭嘴夹取下，检查1区、2区头发，可再喷一层轻薄的发胶固定，如图3-65。注意两片发尾交叉，沿马尾包缠绕。将4区头发从中间分开，分出5区和6区，如图3-66。再次检查前面两片头发的造型，注意发片边缘对脸形的修饰，注意额头的饱满度和额面的形状，如图3-67。

图3-62 　　　　　　　　　　图3-63 　　　　　　　　　　图3-64

图3-65 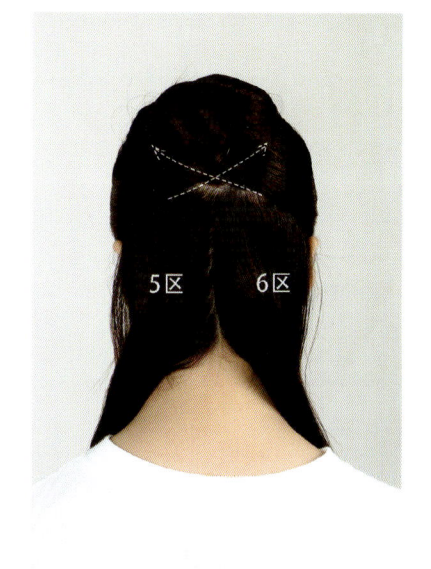　　　　　　　　　　图3-66 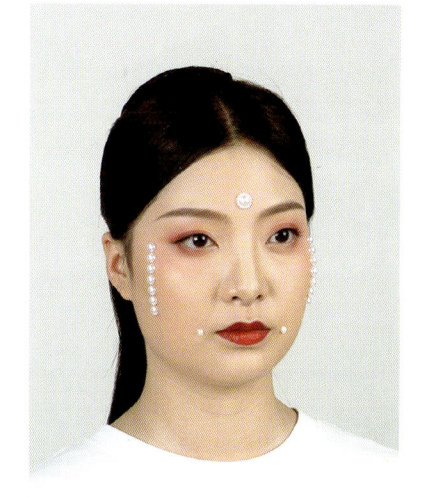　　　　　　　　　　图3-67

（7）将 5 区的头发用尖尾梳倒梳，朝转角点方向梳顺，在后点及以上位置开始拧绳，缠绕于马尾包边缘，用 U 形夹固定，注意隐藏发尾，如图 3-68。

（8）用相同的手法处理 6 区的头发，注意方向与上一步骤相反，如图 3-69。注意侧面轮廓要饱满，头发交界处衔接自然，外轮廓清晰流畅，如图 3-70。

（9）调整整体发型，正面发型饱满，头顶头发不凸起，发型左右对称，表面光滑，头发纹理清晰、扎实牢固，如图 3-71。

（10）选择一个半圆形发包，半圆形发包直径小于发冠底面直径。将其压在马尾包上，用一字夹固定发包边缘，如图 3-72。

（11）最后戴上发冠，发型完成，如图 3-73。

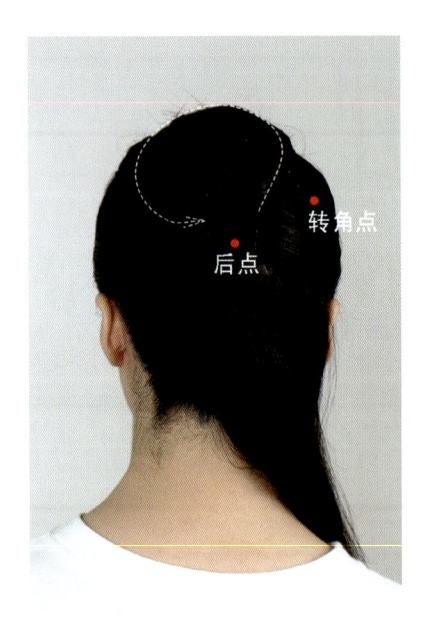

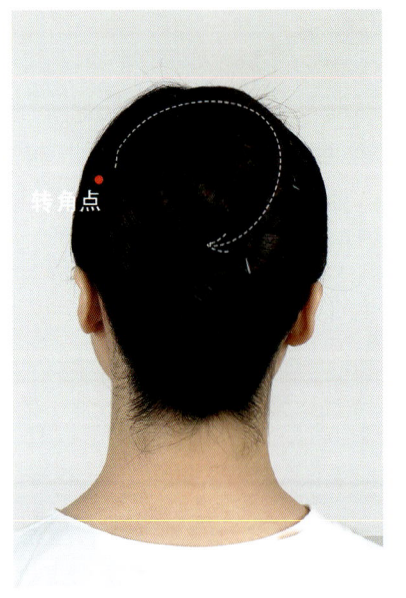

图 3-68

图 3-69

图 3-70

图 3-71

图 3-72

图 3-73

3. 妆造展示

整体妆造效果如图 3-74。

图 3-74 整体妆造图

五、任务实施

布置任务，组织和引导学生学习宋朝妆容和发髻相关知识点与技能点，并进行实操练习。学生在老师的指导下结合案例示范，进行小组实操，完成下表所列任务清单。

任务实施名称	任务清单内容	备注
选定人物	通过重庆高校在线开放课程平台和超星课程平台学习通进入课程和班级进行课程学习，自行选定一个宋朝经典人物，从该人物社会地位、所处阶级、身份、外貌特征及相关历史事件等，对该人物做全面的分析和阐述，并以PPT的形式提交至平台	
造型表达	根据宋朝人物妆容与发髻，结合相关知识点的解析与案例分析，对选定人物进行整体化妆造型实操练习，造型设计包括妆面、发髻、饰品、服装、鞋子	
作品拍摄	作品完成后，在摄影棚或室外场景对作品进行拍摄	
后期处理	将拍摄的作品图精选出10张，运用Photoshop等软件精修图片，并将电子版提交至重庆高校在线开放课程平台和超星课程平台	
作品成册	将精修的图片进行排版，打印成册	
视频制作	学生将精修的10张作品图，通过Premiere Pro或剪映等软件制作成短视频提交至重庆高校在线开放课程平台和超星课程平台	

六、任务评价

以小组为单位，对本次任务完成情况进行评价，然后在评价基础上修改与完善，并根据评分标准进行评分。

班　　级：							
小　　组：			指导教师：				
姓　　名：			日　　期：				
评价项目		评价标准	评价方式			权重	得分小计
			学生自评（15%）	小组互评（25%）	教师评价（60%）		
诊断性评价	线上学习	1. 课件学习情况 2. 视频观看情况 3. 答疑讨论情况				10%	
过程性评价	职业技能	1. 掌握古装化妆造型方法与技巧 2. 掌握古装发髻造型方法与技巧 3. 掌握古装整体化妆造型技能				20%	
	职业素养	1. 日常表现情况 2. 沟通协调情况 3. 服务意识情况				20%	
	创新能力	能结合所学古装造型技法，进行古装造型变换				20%	
终结性评价	成果检验	1. 能按质保量地完成任务 2. 能准确表达、汇报与展示任务成果				30%	
合计							
综合评价	教师点评：						

七、任务拓展

1. 通过宋朝妆面与发髻知识的学习，在完成本任务实训的过程中，你学会了哪些知识与技法？掌握的程度如何？是否会技法的拓展运用？请画出思维导图。

2. 请根据所学的宋朝古装造型知识技能，以一个宋朝题材的影视剧目为参考，选定剧中一个女性人物，进行人物造型再设计。

任务四

明朝人物造型

一、任务布置
二、任务要求
三、相关知识
四、案例分析
五、任务实施
六、任务评价
七、任务拓展

【学习目标】
知识目标：
1. 掌握明朝妆容种类，不同妆容的特点以及塑造方法；
2. 掌握明朝发髻种类，不同发髻的髻式形态以及梳法。
技能目标：
1. 具备化妆表现能力；
2. 具备发髻表现能力；
3. 具备明朝整体人物造型能力。
素质目标：
1. 增强文化自信，弘扬传播优秀传统明朝文化；
2. 养成仔细、严谨的工作作风。
【建议学时】
16学时。

一、任务布置

根据明朝妆容与发髻特点，完成一个明朝人物整体化妆造型。

二、任务要求

妆容造型符合明朝人物造型的特征——淡雅、素净、自然清新、不过于浓重、不过于妖艳。面妆干净整洁；发髻梳理光滑平整，表面无毛躁碎发，整体饱满；发饰搭配协调；服装选择准确；人物整体形象符合历史背景。

三、相关知识

明朝妆容和发式没有宋朝与唐朝丰富，但发冠得到空前的发展，样式多样，佩戴须遵循严格的等级制度。

1. 妆容

明朝的妆容普遍崇尚自然的淡妆，以鹅蛋脸为标准脸型，面部施粉，眉眼纤细而修长，妆容有三白妆、淡妆、红妆等。三白妆指额、鼻、下颌处呈纯度较高的白色；淡妆泛指素妆，面部妆容素淡，略施白粉，点唇修眉；红妆虽名红妆，但也清淡雅致。

2. 妆容内容

明朝有八字眉、蛾眉、吊梢眉、笼烟眉、细眉、眉间俏等眉形，唇以小为美。因妆容普遍崇尚自然的淡妆，妆容内容相对简单，此处不做过多讲述。

3. 发髻

明朝发髻基本位于颅后；发冠根据佩戴者身份地位的不同，样式和图案有所讲究，如有龙图案的凤冠只有皇太后和皇后才能佩戴。明朝还出现一种名为"鬏髻"的发冠，此冠已婚妇女才能佩戴，冠形如圆锥体，形式丰富多样，棕帽与鬏髻十分相似。因为冠和鬏髻的流行，明朝非常高大的髻式较为少见，常见的髻式有一窝丝、桃心髻、桃尖顶髻、杜韦娘髻、双飞燕髻等。发冠有束发小冠、团冠等。

（1）一窝丝

一窝丝是明朝妇女非常喜爱的一款发髻，即将头发盘于脑后，挽成蓬松窝状，用簪钗固定，如图4-1。

（2）桃心髻

桃心髻是从发际线处留出两撮头发垂至双耳处，余下头发在头面盘成扁圆形，后脑留出部分头发做燕尾，再用宝石花朵装饰发髻，如图4-2。

（3）桃尖顶髻

桃尖顶髻是将头发盘于头顶，绾成桃状，颈部绾燕尾，如图4-3。

（4）杜韦娘髻

杜韦娘髻相传为明嘉靖年间名妓杜韦娘所创，深受妇人喜爱，髻式类似燕尾垂于颈后，如图4-4。

（5）双飞燕髻

双飞燕髻属于高髻，即将头发绾于脑后，盘成飞燕翅膀展开之状。

图4-1 　　　　　　　　　图4-2 　　　　　　　　　图4-3

（6）五鬟髻

五鬟髻即将头发盘于头顶，分五绺绕五个环形，大小环相套，环鬟立于头顶。

（7）双鬟髻

双鬟髻是在头顶绾两个环形，如镂空的兔耳，脑后头发绾成燕尾状，垂于颈后，如图4-5。

（8）小鬟髻

小鬟髻即在头顶盘数个小环，如图4-6。

（9）双髻

双髻和双垂髻类似，都是头发分为两股，梳向耳后位置，在耳垂处开始绾环形，髻垂于两肩，如图4-7。

（10）蝶鬓髻

据明代学者范濂《云间据目抄》记："蝶鬓髻皆后垂，又名堕马髻。"即将头发盘于脑后，绾成髻向后垂，如图4-8。

（11）牡丹头

牡丹头即发髻外形如牡丹花瓣展开之状，梳法有两种，第一种是先盘头，后分绺，即将头发全部盘于头顶，然后分出数绺，每绺进行卷曲，卷内垫假发，形成一片一片大花瓣；第二种是先分绺，后盘头，即将发际线处向后4—6厘米的头发分成数绺，每绺向后内卷并垫一撮假发，将发包抬高，形似牡丹花瓣，如图4-9。

（12）三髻

三髻是将头发盘于头顶，分三股，绾三个髻，如图4-10。

（13）盘头楂髻

盘头楂髻是将头发分为左右两股，绾成扁圆形，与丫髻类似，如图4-11。

图4-4 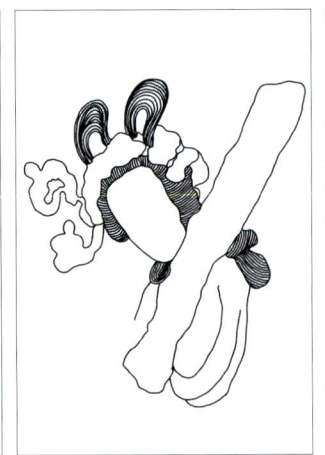　　　　　　图4-5 　　　　　　图4-6 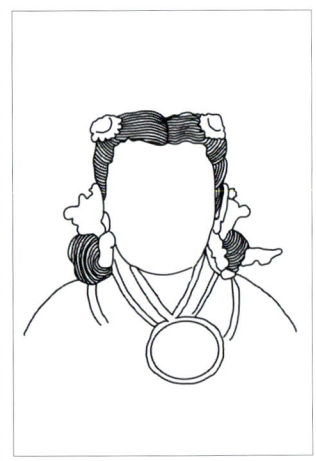　　　　　　图4-7

图4-8 　　　　　　图4-9 　　　　　　图4-10 　　　　　图4-11

（14）松鬓扁髻

松鬓即两鬓头发蓬松置于耳前，扁髻即髻式呈扁圆状，松鬓扁髻脑后需留蓬松垂发，如图4-12。

（15）云髻

高髻中的一种，髻式如山峰一样高耸。

（16）圆髻

圆髻头顶髻式呈帽顶状，髻根用丝带缠绕。两侧头发呈蚕翅状向外延展，后脑头发分两股向后延展，如图4-13。

（17）圆尖髻

圆尖髻与圆髻类似，不同的是顶部圆髻的髻式偏小，由三个圆叠压成形，上层为正圆，下层为扁圆。左右两侧以及脑后两侧头发向外延展。

（18）扎头箍

扎头箍即在髻上或额面装饰一条巾带之类物品，如抹额，如图4-14。

（19）鹅胆心髻

鹅胆心髻是髻在脑后的一种髻式，即将头发分成左右两股，分别从颈部向上拧绳固定，绾成扁圆形，顶用宝花装饰，如图4-15。

（20）素馨髻

素馨髻以装饰髻的饰品命名，素馨即"茉莉花"。将茉莉花串成发箍状，装饰在发髻根部，如图4-16。

（21）把子

把子为一种双螺髻式，将头发分为左右两股，在顶部左右两侧各绾成螺髻，如图4-17。

（22）妙常髻

妙常髻为道姑常梳的髻式，即将头发盘于头顶，绾成一个单髻，脑后头发在背部扎成一绺自然垂下，用巾帻覆盖在头顶髻上，一头垂于头部，一头垂于背部，如图4-18。

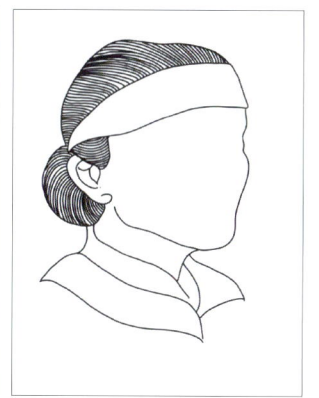

图4-12　　　　　　　　　图4-13　　　　　　　　　图4-14

图4-15　　　　　图4-16　　　　　图4-17　　　　　图4-18

（23）鬏髻

鬏髻有单鬏髻、双鬏髻和脑后鬏髻。将发际线处头发保留，剩余头发盘于头顶或脑后，绾一个髻或两个髻，也可编辫后绾髻，用红色巾条缠住髻根，两条巾尾自然垂于脑后，如图4-19。

（24）高顶髻

高顶髻髻式较高，为单髻，将头发盘于头顶，绾成一个粗圆柱形髻，髻根用红色巾条装饰，不垂巾尾，再用另一条红色巾条绕头部两圈，在额前系结。

（25）椎髻

椎髻是将头发盘于顶后，以螺旋的方式绾成椎状，两鬓头发贴面向耳前延展。

（26）金髻

金髻亦称"金丝鬏髻"，以金丝为原材料制作的鬏髻。

（27）银髻

银髻亦称"银丝鬏髻"或"银丝髻"，以金银丝为原材料制作的鬏髻，据记载此髻高约6厘米，大小如拳。

（28）特髻

特髻是一种假髻，类似鬏髻，为妇人所专用。特髻有严格的等级规范，以髻上装饰的饰品来区分等级。《明史·舆服志三》载：命妇冠服：一品礼服，头饰为山松特髻，翠松五株，金翟八，口衔珠结。正面珠翠翟一，珠翠花四朵，珠翠云喜花三朵。后鬓珠梭球一，珠翠飞翟一，珠翠梳四，金云头连三钗一，珠帘梳一，金簪二，珠梭环一双。二品礼服，除特髻上少一只金翟鸟口衔珠结外，与一品同。三品礼服，特髻上金孔雀六，口衔珠结。正面珠翠孔雀一；后鬓翠孔雀二，余与二品同。四品礼服，特髻上比三品少一只金孔雀，此外与三品同。五品礼服，特髻上银镀金鸳鸯四，口衔珠结。正面珠翠鸳鸯一，小珠铺翠云喜花三朵；后鬓翠鸳鸯一，银镀金云头连三钗一，小珠帘梳一，镀金银簪二，小珠梳环一双。六品礼服，特髻上翠松三株，银镀金练鹊四，口衔珠结。正面银镀金练鹊一，小珠翠花四朵，后鬓翠梭球一，翠练鹊二，翠梳四，银云头连三钗一，珠缘翠帘梳一，银簪二。七品礼服，同六品。八品、九品礼服，通用小珠庆元冠。

（29）束发小冠

束发小冠指一类戴在单髻上的冠，因体型不如帽冠那样大，因此称为束发小冠，如莲花冠，如图4-20。

（30）戴巾子

戴巾子是将巾子包裹头部固定后，剩余巾子自然垂下，披在肩上。

（31）团冠

团冠冠式较大，类似灯笼形状，冠上刻画有牡丹、梅花等图案，如图4-21。

（32）凤冠

凤冠顾名思义冠上有凤形图案装饰，凤冠冠式较大，由冠帽、三博鬓（左右共六扇）组成，冠帽上有龙凤，用珍珠、宝石、金线、翠羽等贵重饰物装饰，非常雍容华贵。凤冠是一种礼冠，也是身份地位的象征，明朝凤冠只有皇帝后妃和贵族命妇才可佩戴，一般平民在结婚时佩戴彩冠，此冠也称为"凤冠"。

（33）花冠

花冠指束发小冠周围插戴簪花，冠与簪花结合，使髻式更加丰富灵动，衬托得女子格外美艳，如图4-22。

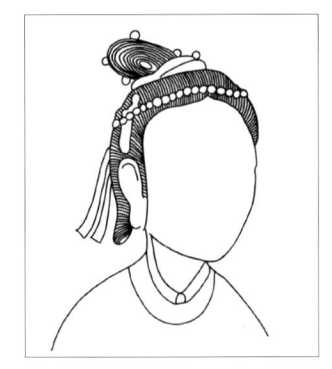

图4-19

图4-20

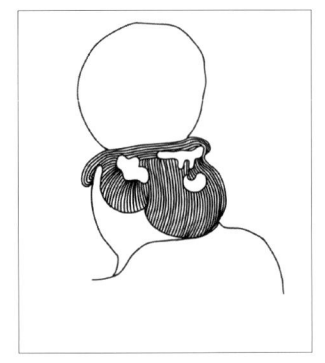

图4-21

图4-22

四、案例分析

本案例是根据明朝妆容和发型特征，结合现代化妆技术及古装人物造型手法，设计的一款体现明朝人物形象的整体妆造。

造型特点：明亮淡雅的红妆，端庄得体的发髻。

妆容技法：修眉技法、遮瑕技法、打底技法、拍红扫红技法、修容技法、提亮技法、定妆技法、眼影技法、眼线技法、夹睫毛技法、贴假睫毛技法、贴双眼皮技法、描眉技法、画唇技法等。

发型技法：分区技法、扎髻技法、垫包技法、遮盖技法、下卡子技法、挽垂髻技法等。

工具准备：

底妆：隔离霜、遮瑕膏、粉底液、粉底膏、定妆喷雾、定妆粉、粉底刷、提亮刷、侧影刷、美妆蛋等；

眼妆：眼影刷、眼影盘、眼线笔、亚光高光、蕾丝双眼皮贴、睫毛夹、睫毛膏、超自然假睫毛、睫毛胶、镊子、棉签等；

眉妆：修眉刀、修眉剪、眉笔等；

唇妆：润唇膏、亚光口红、唇刷等；

腮红：腮红粉、腮红刷等；

侧影：修容粉、修容膏、鼻侧影刷、脸部侧影刷、发际线粉等；

发型：牛角包、假发包、发片、顺直发、发辫、尖尾梳、发网、发胶、发蜡棒、发冻、固定夹、皮圈、一字夹、U形夹、松紧绳等。

1. 妆容步骤

（1）修眉之前先观察眉形，做到心中有数。用修眉刀将眉周围的杂毛剃除，如图4-23。用小剪刀修剪较长的眉毛，细小的杂眉可用镊子拔除，拔的时候要夹紧眉毛根部，顺向拔起，如图4-24。然后用胶带仔细地将皮肤上散落的眉渣处理干净，如图4-25。

码 4-1 明朝人物妆容步骤

图 4-23　　　　图 4-24　　　　图 4-25

（2）用扁头遮瑕刷蘸取隔离霜，将隔离霜均匀点涂于全脸，用手指以打圈的方式均匀铺开，也可以用气垫粉扑均匀拍开，如图4-26。

（3）用扁头粉底刷蘸取适合模特肤色的粉底，将粉底均匀地涂刷在面部，如图4-27。然后用湿美妆蛋将粉底刷的刷痕拍匀，并将粉底拍实，使粉底与皮肤更加贴合，如图4-28。

（4）用湿美妆蛋蘸取少量腮红膏先在手背拍打均匀，然后晕染在眼睛周围及面部，如图4-29。

（5）用海绵扑蘸取定妆粉给底妆做好定妆，如图4-30。

（6）用大号眼影刷蘸取粉红棕色眼影均匀晕染在眼部周围，可反复晕染，直至颜色达到想要的效果，如图4-31。

（7）用刀锋刷蘸取深棕色眼影加深睫毛根部，如图4-32。

图4-26

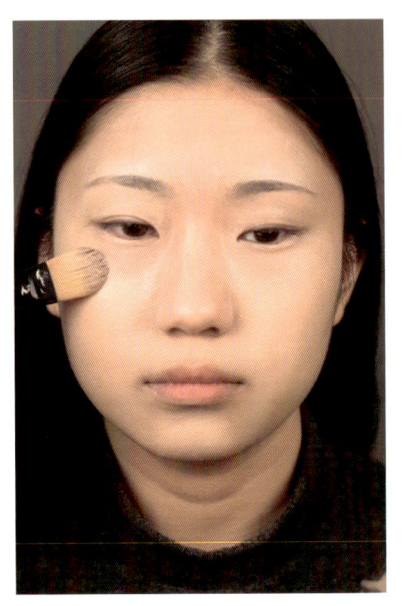

图4-27

图4-28

图4-29

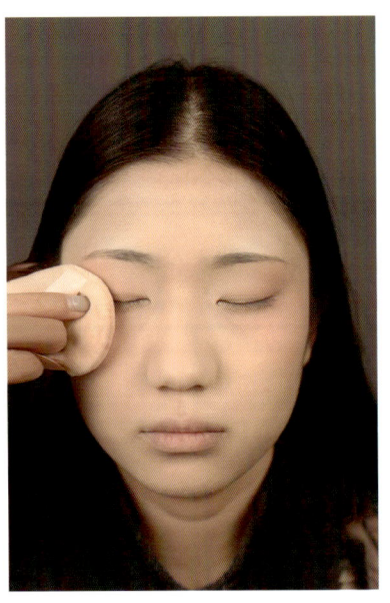

图4-30

图4-31

（8）用眼线铅笔或眼线胶笔，沿睫毛根部画出内眼线，如图4-33。

（9）选用小号眼影刷，蘸取深红棕色眼影，晕染在双眼皮位置，加深靠近睫毛根部的眼影，使眼线与眼影之间的过渡更加自然，如图4-34。

（10）用睫毛夹将睫毛夹出向上弯曲的弧度，不要夹出生硬的直角。夹睫毛时分两次夹，睫毛根部夹一次，睫毛中端夹一次，如图4-35。

（11）选取一款非常自然的假睫毛，根部蘸取胶水，贴在真睫毛根部。真睫毛较浓密的模特也可不贴假睫毛，如图4-36。

（12）蕾丝双眼皮贴隐形度非常高，喷水后贴在模特原本双眼皮褶皱处，用棉棒压紧的同时蘸取掉多余的水分，如图4-37。

图 4-32

图 4-33

图 4-34

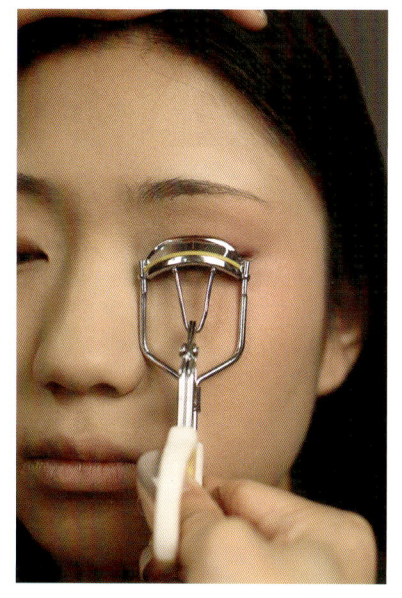

图 4-35

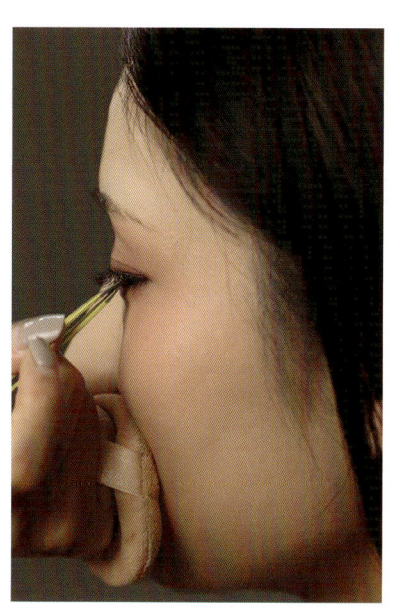

图 4-36

图 4-37

（13）用砍刀眉笔沿真眉描出眉的大概位置与走向，如图4-38。该模特的眉毛眉头颜色和形状已经十分符合设计的妆容，因此眉腰开始向后延长描绘出眉峰和眉尾即可，眉峰轮廓较平缓，不要画出棱角，眉峰不要低于眉头，如图4-39。眉毛纤细修长，眉头过渡自然，眉形轮廓清晰，眉尾逐步渐变与皮肤融合，如图4-40。

（14）用小号修容刷蘸取修容粉对鼻子进行修饰，加强鼻子整体立体感，如图4-41。

（15）用大号修容刷蘸取修容粉晕染颧骨及以下部位，使脸部立体感更明确，如图4-42。

（16）用腮红刷蘸取与眼影一样的复古红棕色腮红，扫于眼尾处和脸颊处，晕染要过渡自然，如图4-43。

（17）用遮瑕膏将模特原本的唇色盖住，再用唇刷勾勒出唇形，上嘴唇从内向上1/2处描线，下嘴唇从内向下1/2处描线，注意唇形左右对称，如图4-44。

（18）用唇刷蘸取裸粉色唇膏，在上唇线与下唇线内涂抹均匀，注意唇峰要体现出来，然后蘸取正红色口红将唇线内部填充饱满，如图4-45。再次检查、调整，妆容完成，如图4-46。

图4-38

图4-39

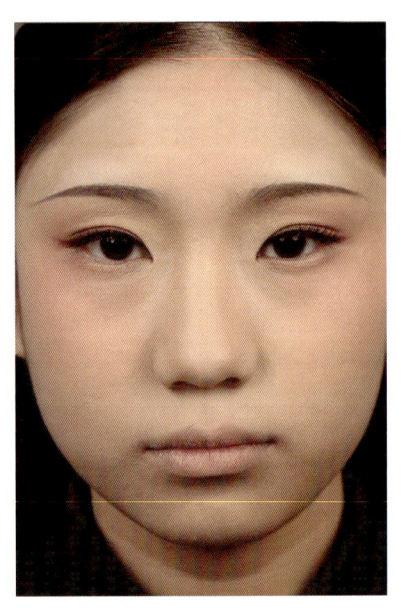

图4-40

图4-41

图4-42

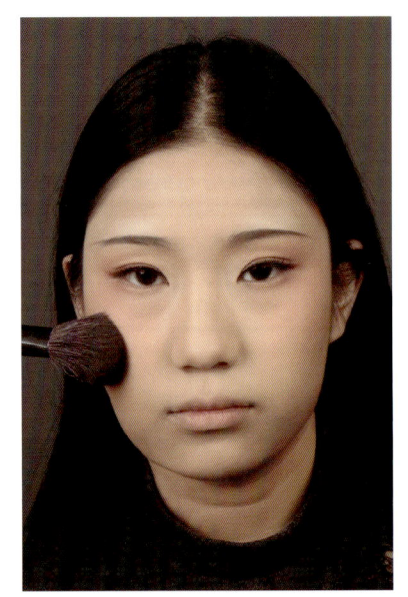

图4-43

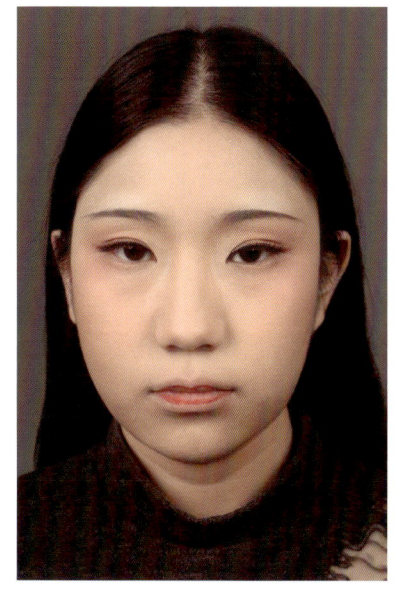

图 4-44 　　　　　　　　　　　图 4-45 　　　　　　　　　　　图 4-46

2. 发型步骤

（1）分区，用尖尾梳从顶前点向左右耳上点划出一条弧线，为 1 区和 2 区的分界线，再从耳上点向脑后点划出一条弧线，为 2 区和 3 区的分界线，如图 4-47。用发蜡棒或发胶将 2 区中的碎发整理干净，使头发扎得更光滑更牢固，如图 4-48。手心向上，紧握住 2 区头发发根，拳头虎口面紧贴头皮，用一次性皮筋或松紧绳固定，作为底座，如图 4-49。

码 4-2 明朝人物发型步骤

图 4-47 　　　　　　　　　　　图 4-48 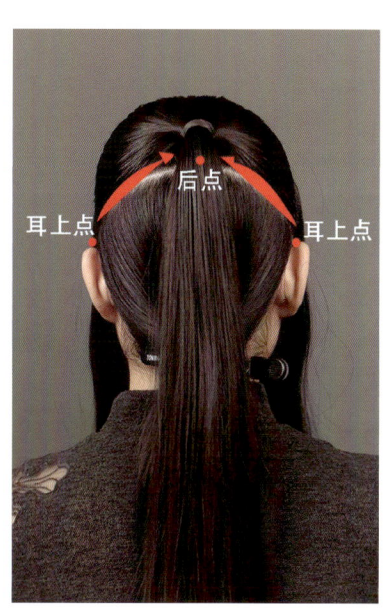　　　　　　　　　　　图 4-49

（2）在耳上点与顶前点之间放一个牛角包，将牛角包靠下与2区、3区分界线平行，手压住牛角包，用一字夹从下往上固定，如图4-50。再用一个一字夹从上往下紧贴头皮推进去，固定住牛角包上端，如图4-51。最后用一个一字夹固定在牛角包中间，发夹的一侧紧贴头皮，另一侧夹入发包内，如图4-52。用同样的方法将顶部和另一侧固定上牛角包，注意左右两边牛角包位置对称，如图4-53。

（3）用梳齿间隙较密的尖尾梳，将1区头发分成三份，在梳上喷上发胶，然后向后梳盖住发包，将头发梳成发片状后均匀地平铺于发包之上，如图4-54。发片梳顺后，用手捏住发尾顺时针拧成一股，用一字夹从脑后点的位置夹入固定，夹子的一侧接触头皮，另一侧夹在拧成绳的头发内，如图4-55。根据顶部发包处理方式，将1区左右两侧头发向后梳，盖住发包，均匀平铺于发包表面，以同样的手法进行固定处理，如图4-56。背后固定仅需一个一字夹即可，顺着卷筒推进夹子固定，如图4-57。使用盖包手法处理时，可用发胶或发蜡棒将发际线处碎发顺着纹路粘在头发表面，同时注意发际线对脸形的修饰，如图4-58。

图 4-50

图 4-51

图 4-52

图 4-53

图 4-54

图 4-55

任务四
明朝人物造型

（4）选择一个扁平软发包盖于后脑，遮盖漏于表面的卡子，并使发型饱满，如图4-59。

（5）选取两个发包，交叉折叠固定，如图4-60。放发包时需注意正面效果，如图4-61。

（6）选取一个发片，固定在两个发包交叉处，隐藏好头端，然后用尖尾梳向耳后点梳，顺着发包方向平铺在发包上，用鸭嘴夹固定在另一端，如图4-62。将另一端发片以拧绳的方法从后上方拧至另一发包的一端，用尖尾梳顺着发包梳顺，使发片均匀平铺于发包表面，至发包另一端结束，然后固定，如图4-63。将固定拐弯处的鸭嘴夹取下用U形夹固定，整体喷一遍发胶进一步固定发型，如图4-64。内发包表面没有头发纹路，需要用发片在表面进行包裹使真假发结合，如图4-65。脑后发型细缝衔接处不够美观，可以选择一条辫子作为修饰，如图4-66。

（7）选择一条与细缝处大小相适的发辫，绕于发包周围，遮住发缝，用U形夹固定，如图4-67。

（8）用尖尾梳将后披头发梳顺，而后用发蜡整理小碎发，再用松紧皮筋固定A点位置，然后将发尾头发向上绕起，末端结束于A点位置，如图4-68。发型背面效果，如图4-69。检查细节，微做调整，如图4-70。

图4-56

图4-57

图4-58

图4-59

图4-60

图4-61

083

古典人物造型基础教程

图 4-62

图 4-63

图 4-64

图 4-65

图 4-66

图 4-67

A点

图 4-68

图 4-69

图 4-70

084

3. 妆造展示

整体妆造效果如图 4-71。

图 4-71 整体妆造图

五、任务实施

布置任务，组织和引导学生学习明朝妆容和发髻相关知识点与技能点，并进行实操练习。学生在老师的指导下结合案例示范，进行小组实操，完成下表所列任务清单。

任务实施名称	任务清单内容	备注
选定人物	通过重庆高校在线开放课程平台和超星课程平台学习通进入课程和班级进行课程学习，自行选定一个明朝经典人物，从该人物社会地位、所处阶级、身份、外貌特征及相关历史事件等，对该人物做全面的分析和阐述，并以 PPT 的形式提交至平台	
造型表达	根据明朝人物妆容与发髻，结合相关知识点的解析与案例分析，对选定人物进行整体化妆造型实操练习，造型设计包括妆面、发髻、饰品、服装、鞋子	
作品拍摄	作品完成后，在摄影棚或室外场景对作品进行拍摄	
后期处理	将拍摄的作品图精选出 10 张，运用 Photoshop 等软件精修图片，并将电子版提交至重庆高校在线开放课程平台和超星课程平台	
作品成册	将精修的图片进行排版，打印成册	
视频制作	学生将精修的 10 张作品图，通过 Premiere Pro 或剪映等软件制作短视频提交至重庆高校在线开放课程平台和超星课程平台	

六、任务评价

以小组为单位，对本次任务完成情况进行评价，然后在评价基础上修改与完善，并根据评分标准进行评分。

班　　级： 小　　组： 姓　　名：			指导教师： 日　　期：				
评价项目	评价标准		评价方式			权重	得分小计
			学生自评 （15%）	小组互评 （25%）	教师评价 （60%）		
诊断性评价	线上学习	1. 课件学习情况 2. 视频观看情况 3. 答疑讨论情况				10%	
过程性评价	职业技能	1. 掌握古装化妆造型方法与技巧 2. 掌握古装发髻造型方法与技巧 3. 掌握古装整体化妆造型技能				20%	
	职业素养	1. 日常表现情况 2. 沟通协调情况 3. 服务意识情况				20%	
	创新能力	能结合所学古装造型技法，进行古装造型变换				20%	
终结性评价	成果检验	1. 能按质保量地完成任务 2. 能准确表达、汇报与展示任务成果				30%	
合计							
综合评价	教师点评：						

七、任务拓展

1. 通过明朝妆面与发髻知识的学习，在完成本任务实训的过程中，你学会了哪些知识与技法？掌握的程度如何？是否会技法的拓展运用？请画出思维导图。

2. 请根据所学的明朝古装造型知识技能，以一个明朝题材的影视剧目为参考，选定剧中一个女性人物，进行人物造型再设计。

任务五

清朝人物造型

一、任务布置
二、任务要求
三、相关知识
四、案例分析
五、任务实施
六、任务评价
七、任务拓展

【学习目标】
知识目标：
1. 掌握清朝妆容种类，不同妆容的特点以及塑造方法；
2. 掌握清朝发髻种类，不同发髻的髻式形态以及梳法。
技能目标：
1. 具备化妆表现能力；
2. 具备发髻表现能力；
3. 具备清朝整体人物造型能力。
素质目标：
1. 增强文化自信，弘扬传播优秀传统清朝文化；
2. 养成仔细、严谨的工作作风。
【建议学时】
16学时。

一、任务布置

根据清朝妆容与发髻特点，完成一个清朝人物整体化妆造型。

二、任务要求

妆容造型符合清朝人物造型的特征——清淡、雅致，注重眼妆，有民族特色。面妆干净整洁；发髻梳理光滑平整，表面无毛躁碎发，整体饱满；发饰搭配协调；服装选择准确；人物整体形象符合历史背景。

三、相关知识

清朝是中国历史上最后一个封建王朝。清朝时期出现了两种服饰和造型文化——满族文化和汉族文化。清初汉族妇女的妆容发式基本沿袭明代，满族妇女则有其独特的旗头造型，如"两把头"。清朝也是一个由封建社会过渡到现代社会的朝代，因此清朝晚期人们的妆容和发式逐渐现代化，男子不留长发，普通妇女的发式也日趋简约。

1. 妆容

清朝初期妆容和发式沿袭了明代，因此妆容依旧以淡雅素妆为主。到了同治、光绪年间，浓妆逐渐被人们所关注，敷胭脂、描细长眉、点珠唇等流行起来。清朝的妆容有淡妆、素妆、红妆、黑妆等。

（1）淡妆

淡妆的特点是面部施白粉，描画弯曲细眉，薄小嘴唇。

（2）素妆

素妆和淡妆类似，注重眉和唇的修饰，眉妆多为纤细修长的八字眉或长蛾眉。整体给人朴素淡雅、端庄恭俭、低眉顺眼的感觉。

（3）红妆

红妆是清朝常见的妆容。特点是面若桃花，柳眉细目，樱桃小口。红妆面部侧重粉红修饰，底妆不施白粉，而施淡粉色粉，再在苹果肌处叠加胭脂。

（4）黑妆

明清时期的黑妆是一种以木炭研成灰末涂染于颊上作为装饰的面妆，据传是由古时黛眉妆演变而来。明张萱《疑耀》卷三："周静帝时，禁天下妇人不得用粉黛，令宫人皆黄眉黑妆。黑妆即黛，今妇人以杉木灰研末抹额，即其制也……一说，黑妆亦以饰眉，汉给宫人螺子黛，故云黛眉。"

2. 妆容内容

底妆常用珍珠粉、玉簪粉和铅粉敷面。眉眼以细长为美，有眉头略粗、眉尾细的蛾眉；如柳叶般细长的柳叶眉；眉头高而眉尾低，一副低眉顺眼的曲眉；眉形如一字形的一字眉；还有水眉、平眉和斜飞眉等。清朝流行胡胭脂、红蓝花胭脂和玫瑰胭脂。唇形以樱桃小口为美，出现了一种地盖天的唇式，只妆点下唇，不妆点上唇，后下唇逐渐缩小，成为一个黄豆大的小圆点，清末受外来文化影响，流行涂满唇。

3. 发髻

清朝发髻有两种主要风格，一种是具有民族特色的满族特殊发式"旗头"，另一种是汉族女子发髻。旗头有一字头、两把头、架子头、大拉翅、钿子头等。汉族女子发髻有侧髻、清水髻、垂鬟髻、荷花髻等。

（1）侧髻

侧髻亦称"偏髻"，即髻偏在头部一侧，如图5-1。

（2）清水髻

清水髻是专属于夏天的一种髻式，将额发留出，余发收拢于脑后，绾成一个小圆髻，再将额发向后梳，用红绳绑成一股，收拢在小圆髻处，如图5-2。

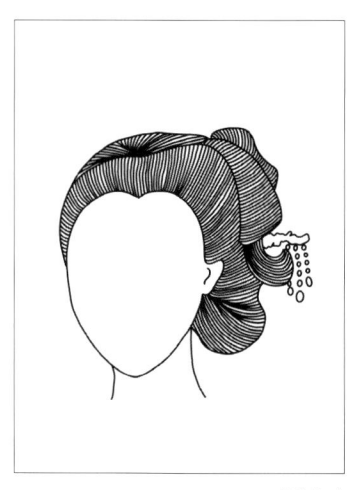

图5-1

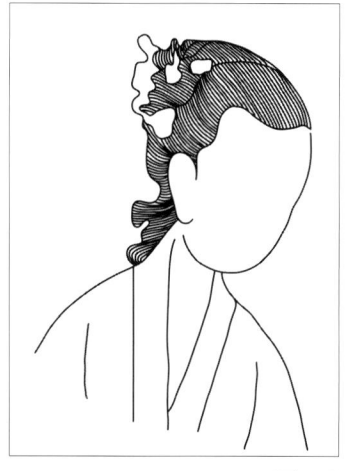

图5-2

(3) 垂鬟髻

垂鬟髻是将头发收拢于后脑，绾成鬟形，鬟髻垂在脑后，根部用红黄花装饰一圈，如图5-3。

(4) 荷花髻

高髻中的一种，髻式如荷花盛开之状，将头发盘于头顶，分成数绺，每绺绾成荷花花瓣形，环绕于头顶，后脑头发绾成垂髻，不留髯，如图5-4。

(5) 牡丹髻

牡丹髻又称"牡丹头"，高髻中的一种，髻高约10—20厘米，鬓发高耸，后脑头发犹如一个圆饼扣在脑后，颈后两侧翘出两绺发尾，如图5-5。

(6) 钵盂髻

钵盂是盛饭菜的食器，钵盂髻即形状似钵盂的发髻。通常做此发型需结合假发，将头顶头发盘于额上，梳成钵盂状，用簪钗固定，余发绾成圆饼状覆盖在脑后，如图5-6。

(7) 大盘髻

大盘髻亦称"大盘头"，髻式尤如后脑大小的碗扣于后脑，颈后翘出长条形小髻，类似燕尾，如图5-7。

(8) 麻姑髻

据《麻姑献寿图》中麻姑的形象可看出，麻姑髻是将头发绾于头顶斜下方处，发尾分为数股于此处绾成数个环状，双耳后各留出一绺头发于胸前，如图5-8。

图 5-3

图 5-4

图 5-5

图 5-6

图 5-7

图 5-8

(9）圆头

圆头与大盘头相似，是将脑后的发髻绾成圆体状，如图5-9。

(10）苏州撅

苏州撅是将头发盘于脑后绾成一个向后延伸的高翘的圆柱形髻，髻根用饰品装饰，如图5-10。

(11）平三套

平三套是在苏州撅的基础上将圆柱形髻演变成大而扁的块面状，如图5-11。

(12）螺旋髻

螺旋髻的髻式如螺，是将头发盘于头顶偏后，髻以螺旋的方式绾成螺状，如图5-12。

(13）连环髻

连环髻亦称"S髻"，是将头发分为左右两股，扎成髻，两髻绾成S形，如图5-13。

(14）双盘髻

双盘髻是两个圆形的小低髻，将头发分成左右两份，留出颈部发际线处头发散落在背部，然后将左右两股头发在耳后处绾成两个球体。

(15）垂髻

垂髻是一种发髻垂在颈后的发式，如图5-14。

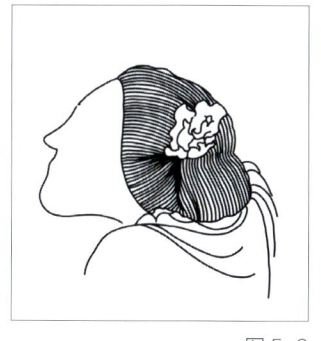

图5-9 　　　图5-10 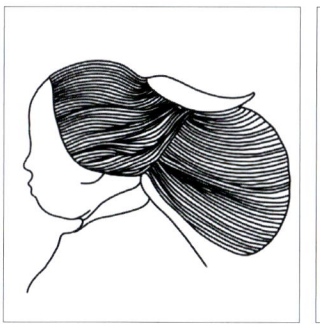　　　图5-11 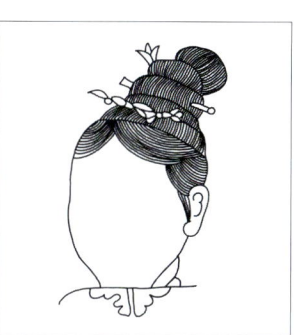　　　图5-12

图5-13 　　　图5-14

（16）芙蓉髻

芙蓉髻是顶部发髻盘如芙蓉花瓣状，脑后头发扎一绺，垂至背后，如图5-15。

（17）元宝髻

元宝髻亦称"元宝头"，髻式扁圆而厚实，中间凹陷，两边略翘起，类似元宝中间凹两边翘的形态。此髻有两种梳法，一是将头发中分为左右两股，两股头发在左右两侧用拧绳的方式拧成一股，再以打圈的方式盘成椭圆形髻，髻中用一个扁簪固定；二是将头发全部盘于脑后绾成一个大扁圆形髻，用扁簪固定。如图5-16。

（18）平髻

平髻是将髻式梳成一字形，如图5-17。

（19）松鬓扁髻

松鬓扁髻是对称式的发髻，头发中分为两股，头部两侧垫长条形发包，将前额头发和鬓发盖过发包向后梳固定，绾成一个平铺的髻，后脑头发分为两股，在颈后绾成左右两个垂髻，尾发藏于后脑平铺的髻下，如图5-18。

（20）蚌珠头

蚌珠头髻式类似于蚌壳，把头发分为左右两绺，将绺进行拧绳，螺旋式盘叠成蚌壳形，左右对称，额前留满天星式刘海，如图5-19。

（21）双丫髻

双丫髻即在头顶两侧盘两个球体，此髻式可将头发全部盘起成为球体，也可用顶部头发盘为球体，后脑头发自然垂下不盘起，如图5-20。

（22）髭头

髭头是较为随意慵懒的一款发型，前额头发松垂，余发较随意地盘在脑后，如图5-21。

图5-15 　　　　图5-16 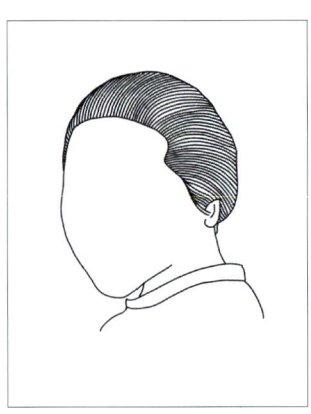　　　　图5-17 　　　　图5-18

图5-19 　　　　图5-20 　　　　图5-21

(23) 缵儿

缵儿是一种在头顶的小发髻,后脑头发自然垂于背部。如图5-22。

(24) 回鹘髻

回鹘髻是将头发集中头顶或偏后方位置,然后将头发绾成一个类似圆形的球体耸立于头顶,如图5-23。

(25) 云髻

云髻髻式尤如云朵层层叠压,即将头发分成左右两份,每份分成若干绺,每绺绾成云朵状,从头顶依次向下垂下,如图5-24。

(26) 双圆髻

双圆髻因头顶有一大一小圆球体髻而名。将头发分成前后两份,前区头发绾在头顶,作两个球体,后区头发在颈后做一个垂髻,如图5-25。

(27) 扁髻

扁髻即将头发全部往后梳,于后脑绾成扁形的髻,如图5-26。

(28) 双环髻

双环髻即在头顶耸立两个穿插的环形,脑后头发在颈后绾一个扁平的半圆形髻,如图5-27。

(29) 蝴蝶髻

蝴蝶髻即髻在后脑呈蝴蝶展开翅膀之状,仿佛一只特大的蝴蝶停歇于脑后,颈后一片头发自然垂落背部,如图5-28。

图5-22 　　　　图5-23 　　　　图5-24 　　　　图5-25

图5-26 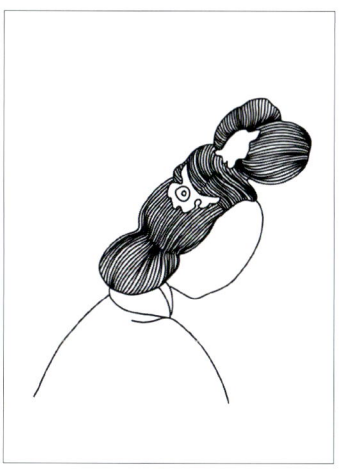　　　　图5-27 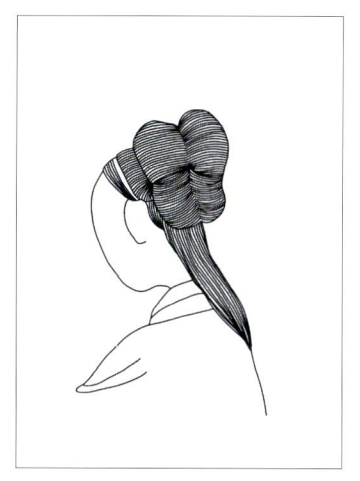　　　　图5-28

（30）包髻

包髻即在头顶的髻上包裹一块巾布，如图5-29。

（31）耳挖髻

耳挖髻是以所戴饰品而命名的髻，耳挖是一种头部装饰品，与簪钗类似，耳挖分两部分，簪首和簪挺，簪首装饰珠宝和金银线，簪挺装饰各种吉祥图案。

（32）如意髻

如意髻即髻式如玉如意形状，是将头发盘于头顶，绾成如意形。

（33）喜鹊髻

喜鹊髻是一种向后延伸的髻式，髻根绾成一个圆髻，髻身如喜鹊羽尾展开向后下方垂下，长达20厘米左右，一般采用假髻来完成，如图5-30。

（34）燕尾

燕尾指颈后翘出的垂髻，形状如燕尾，常伴随旗头出现，如图5-31。

（35）荡七寸

荡七寸髻式为厚实的扁平椭圆形，是将头发盘在颈处扎一个髻，用拧绳的方式，盘旋成椭圆形，髻直径约20厘米。

（36）一字头

一字头是满族妇女最具代表性的发式之一，亦称"一字髻"，旗头的一种，把头发盘于头顶，借助一根扁方，将头发绾于扁方之上，形成一字形髻，如图5-32。

（37）两把头

两把头也是满族妇女最具代表性的发式之一，将头顶头发平分为左右两把绕至扁方基座之上，剩余脑后头发梳成燕尾髻，翘首在颈后，使女子仪态更显端庄。早期，两把头不借用扁方做基座，而是将头发左右各扎一把，左右两髻的外端由于没有支撑力，髻向下垂呈八字形，称为"小两把头"。两把头的梳法复杂，梳此发髻需有一定的梳妆功底。随着社会的发展，两把头的髻式逐渐用假髻代替，如图5-33。

图5-29

图5-30

图5-31

图5-32

图5-33

图 5-34

（38）大拉翅

大拉翅又名"大京样、大翻车、旗头板"。大拉翅也是满族妇女最具代表性的发式之一，晚清同治、光绪时期出现，由两把头演变而来。大拉翅是由铁丝做架，袼褙做胎，表面裹黑色缎子或绒布，饰以绒花、珍珠等装饰物制作而成。使用时直接佩戴在梳好的旗头髻上。旗头髻是将头发从前额发际线向颈后分成三份，中间份头发扎于顶部，完成一个扁髻；脑后份分成三绺，中间绺倒编辫至头顶，尾发紧贴扁髻环绕，将假燕尾固定在中间绺上，脑后左右两绺交叉盖住燕尾上半部分，尾发环绕于扁髻；前份头发中分向耳后梳，发尾环绕于扁髻。如图5-34。

（39）钿子头

钿子头是旗头的一种，由两把头演变而来。钿是一种发饰，佩戴后也可视为一种发髻。一般为满族女子穿戴正装礼服时所佩戴。根据场合和身份的不同，钿式也不同，钿有凤钿、半钿和满钿，新婚女子和参加庆典的贵族女子多用凤钿，半钿多为年龄偏大或寡居之人所用，满钿较为普遍，很多场合都可佩戴。如图5-35。

图 5-35

四、案例分析

本案例是根据清朝妆容和发型特征，结合现代化妆技术及古装人物造型手法，设计的一款体现清朝人物形象的整体妆造。

造型特点：妆面清淡雅致，描细眉，画独特的地盖天唇形，梳旗头。

妆容技法：修眉技法、遮瑕技法、打底技法、修容技法、提亮技法、定妆技法、眼影技法、眼线技法、夹睫毛技法、涂睫毛膏技法、贴假睫毛技法、描眉技法、扫红技法、画唇技法等。

发型技法：分区技法、扎髻技法、固定燕尾技法、倒梳交叉技法、前片造型技法、遮盖技法、下卡子技法等。

工具准备：

底妆：隔离霜、遮瑕膏、粉底液、粉底膏、定妆喷雾、定妆粉、粉底刷、提亮刷、侧影刷、美妆蛋等；

眼妆：眼影刷、眼影盘、眼线笔、亚光高光、蕾丝双眼皮贴、睫毛夹、睫毛膏、超自然假睫毛、睫毛胶、镊子、棉签等；

眉妆：修眉刀、修眉剪、眉笔等；

唇妆：润唇膏、亚光口红、唇刷等；

腮红：腮红粉、腮红刷等；

侧影：修容粉、修容膏、鼻侧影刷、脸部侧影刷、发际线粉等；

发型：燕尾发包、旗头发包、尖尾梳、发网、发胶、发蜡棒、发冻、固定夹、皮圈、一字夹、U 形夹、松紧绳等。

码 5-1 清朝人物妆容步骤

1. 妆容步骤

（1）用修眉刀将眉周围的杂毛剃除，并修出一个基础的形状，如图 5-36。用小剪刀修剪较长的眉毛，细小的杂眉可用镊子拔除，拔的时候要夹紧眉毛根部顺向拔起，如图 5-37。用胶带粘除散落在皮肤上的眉渣，保持面部皮肤整洁，如图 5-38。用螺旋刷将眉毛梳理整齐，注意眉腰部分要向斜上方梳理，眉峰和眉尾部分向斜下方梳理，如图 5-39。

（2）用粉底刷蘸取适合模特肤色的粉底液，以平刷的方式均匀地刷在皮肤表层。注意下眼睑位置、鼻翼根部及嘴角部位均匀涂抹到，如图 5-40。然后用湿美妆蛋蘸取粉底液在手背拍匀后按压面部，将粉底刷的刷痕拍匀拍实，使粉底完全贴合皮肤，如图 5-41。

图 5-36

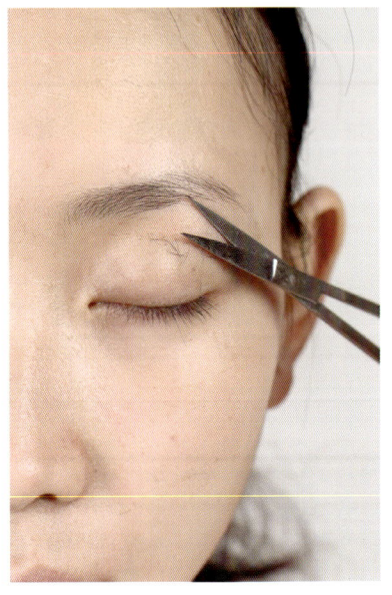

图 5-37

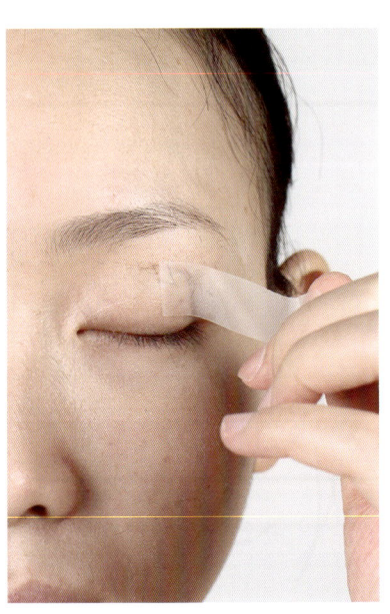

图 5-38

图 5-39

图 5-40

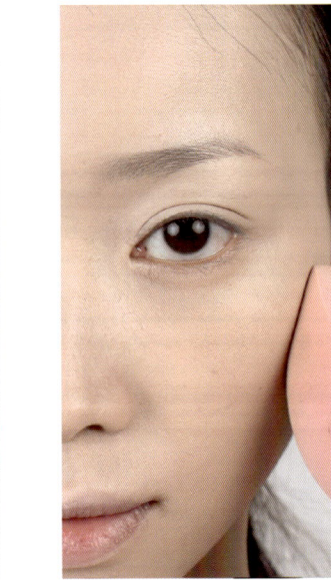

图 5-41

（3）使用小号粉底刷蘸取侧影膏，加强鼻子侧面阴影。修饰时注意修饰鼻子的宽窄和长短，鼻侧影要与眉头相融合，如图5-42。用小号粉底刷蘸取少量侧影膏，均匀平涂在颧骨及以下侧面位置，可少量多次晕染，让侧影膏与粉底融合晕染均匀，最后用湿粉扑拍匀，如图5-43。

（4）用小号粉底刷蘸取比底妆粉底亮一个色号的粉底，对T字部位进行提亮，山根处可加一个亮度，让鼻子更加立体与修长（注意长脸型勿过度提亮），如图5-44。用小号粉底刷蘸取比底妆粉底亮一个色号的粉底，对眉骨处进行提亮，增强眼部轮廓立体感，如图5-45。由于模特下巴较短，需要通过提亮，进行视觉拉长，用小号粉底刷蘸取比底妆粉底亮一个色号的粉底，对下巴进行提亮，如图5-46。使用湿美妆蛋轻轻拍打提亮部位，使提亮粉底和底妆粉底融合自然。一定要注意拍打的手法，采用按压、拍打方式，不要采用来回蹭的方式，如图5-47。

图5-42 　　　　　图5-43 　　　　　图5-44

图5-45 　　　　　图5-46 　　　　　图5-47

(5) 使用海绵扑蘸取定妆粉对全脸进行底妆的定妆，鼻翼两侧轻轻地按压，面部其他地方按压、拍打，使定妆粉和皮肤贴合，如图 5-48。

(6) 在眼下上一层定妆粉，画完眼妆扫除，目的是防止眼影粉掉落在脸颊上，保持妆面干净。然后使用眼影刷蘸取肤色眼影对眼睛周围进行打底，如图 5-49。一定不要忘记下眼皮，下眼皮也要用肤色眼影进行打底，如图 5-50。用一支中号眼影刷蘸取浅红棕色眼影对上眼皮及下眼皮进行晕染，采用少量多次的晕染方法，避免出现晕染不均匀等情况，如图 5-51。眼影刷蘸取红色眼影，加深眼影颜色，晕染面积小于上次晕染面积，边缘过渡自然，晕染方式为从睫毛根部往上晕染，从外眼角往内眼角晕染，如图 5-52。晕染眼影的每一步都需上下眼皮一起晕染，最后用大刷子蘸取浅红棕色眼影对眼睛和面颊进行晕染，薄薄晕染一层即可，使整体晕染更加均匀，色彩更加协调，如图 5-53。

图 5-48

图 5-49

图 5-50

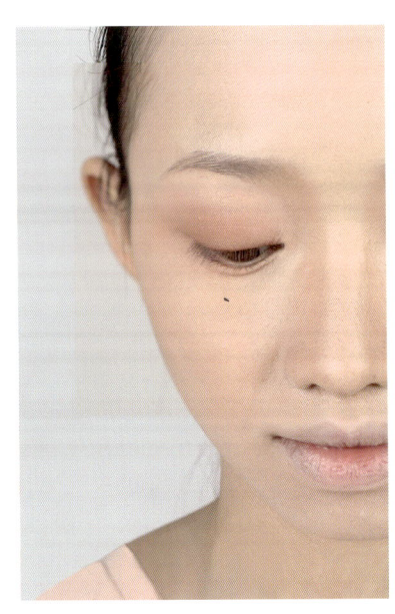

图 5-51

图 5-52

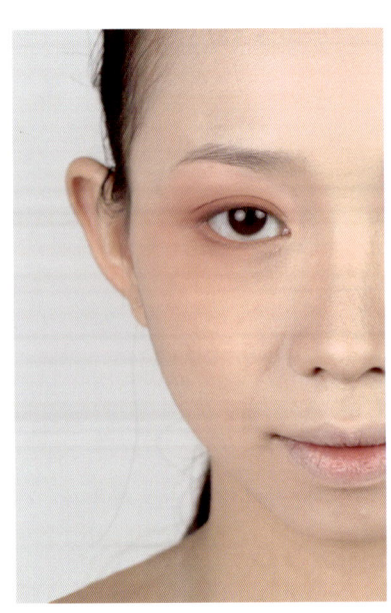

图 5-53

(7)用手或棉签将上眼皮往上扒开漏出睫毛根部,眼线笔笔头与面部呈45度角画上眼线,较为敏感的眼睛可以通过转动眼珠缓解不适感,如图5-54。眼线笔沿着睫毛根部描画出一条顺滑流畅的内眼线,主要填充睫毛根部即可,注意刚画完不要让模特眨眼,以免糊在下眼线上,如图5-55。

(8)夹睫毛之前让模特眼睛向斜下方看,然后找到睫毛根部,缓慢夹住先向下拉,再向斜上方拉,可以防止挤压到眼皮,如图5-56。

(9)夹完睫毛后用睫毛膏对睫毛进行一个加深延长,使睫毛更黑更长更密,但是切勿过度浓密,在原本基础上增长一个度的效果即可,如图5-57。

(10)贴假睫毛会使眼部更显立体,选择一款自然型假睫毛,用镊子夹起,蘸取睫毛胶,粘贴在真睫毛根部使之与真睫毛融合,让真假睫毛衔接自然,如图5-58。

(11)用灰棕色眉笔沿着修好的眉形做颜色填充,然后将眉形轮廓具体化,眉头与眉尾自然过渡于皮肤中,最后加深眉骨点的眉色,使眉毛更加立体,如图5-59。另一侧的眉需要比对着完成的一侧画,以免左右不对称,可

图5-54 　　　　　　　　　　　图5-55 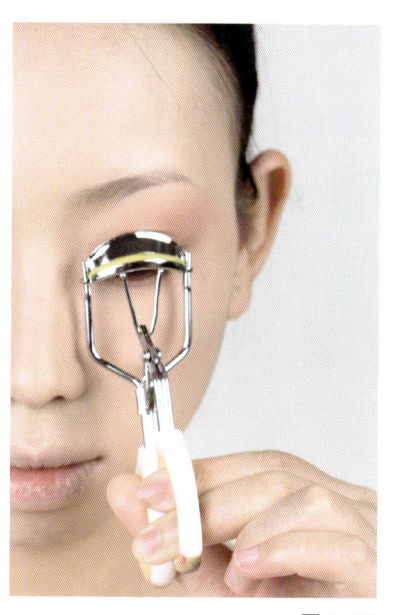　　　　　　　　　　　图5-56

图5-57 　　　　　　　　　　　图5-58 　　　　　　　　　　　图5-59

以从位置、颜色、长短和宽窄进行对比，如图 5-60。

（12）用鼻侧影刷蘸取修容粉少量多次地进行晕染，再次加强鼻子立体感，注意修容粉和底色晕染衔接自然，鼻侧影与眉头衔接自然，如图 5-61。

（13）由于面部妆容更加突显，原本脸部立体感减弱，需加强面部侧影。使用大号修容刷蘸取修容粉扫于侧面，使脸部轮廓更立体清晰，如图 5-62。

（14）在画口红前先涂一层润唇膏可以使嘴唇更加滋润，减少口红卡纹等情况，如图 5-63。用遮瑕膏将模特原本的唇色全部遮住，并用一层薄薄的蜜粉进行定妆，为后面画唇形打底，如图 5-64。用唇刷蘸取正红色口红，上唇描绘出花瓣的形状，加深其颜色，会使唇视觉上更小，下唇从内向外晕染类似倒三角形的形状即可，如图 5-65。

图 5-60

图 5-61

图 5-62

图 5-63

图 5-64

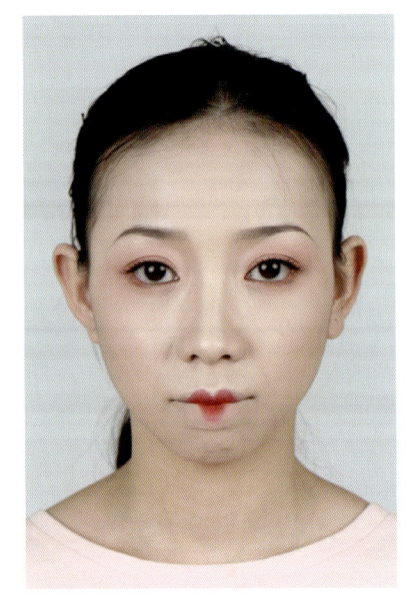

图 5-65

2. 发型步骤

（1）用尖尾梳从顶前点向左右转角点和后点方向划一个闭合圆形为1区。从顶前点向鼻中线方向划分一条线，再从左转角点向左耳上点划分一条线形成2区，如图5-66。以同样的方法划分出3区，脑后剩余头发为4区，如图5-67。前点到顶前点的距离可以自由调整，5到8厘米之间都可以，如图5-68。

（2）用一条约15厘米长的松紧皮筋，将1区的头发扎成马尾，固定位置在黄金点上，扎发剩余的松紧皮筋不要剪掉，留以备用，如图5-69。

（3）将4区头发分为a区、b区和c区。从左右后侧点向左右颈侧点各划分一条分界线，将b区头发向上倒梳至马尾根部，喷胶梳顺，用剩余的松紧皮筋绕两圈固定，如图5-70。作为底座，马尾要扎紧扎牢，头发要紧贴头皮，表面纹理清晰，如图5-71。b区头发似倒梯形，注意两侧对称，如图5-72。

码5-2 清朝人物发型步骤

图5-66

图5-67

图5-68

图5-69

图5-70

图5-71

（4）将马尾用鸭嘴夹暂时固定在模特头顶，然后将燕尾发包用发卡固定在 b 区，用一字夹固定在燕尾内侧，如图 5-73。上燕尾前，需将燕尾按照头部侧面弧度进行弯曲，燕尾转角弯曲处在左右颈侧点连接线上，如图 5-74。

（5）将 3 区和 c 区头发，顺着 1 区边缘向后梳顺，在燕尾左侧处将发片内卷，用一字夹和 U 形夹固定，然后以拧绳的方式拧至马尾根部，用松紧皮筋固定，如图 5-75。在梳 3 区头发造型时，头发边缘需要注意修饰模特脸形和额形，如图 5-76。将 2 区和 a 区头发，顺着 1 区边缘向后梳顺，用发蜡整理边缘小碎发，为更好地固定形状，可边梳边用定位夹固定，最后喷胶固定，撤出定位夹，如图 5-77。

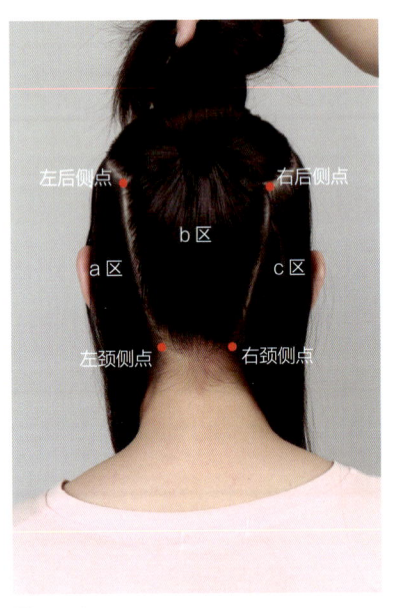

图 5-72

图 5-73

图 5-74

图 5-75

图 5-76

图 5-77

(6) 将马尾缠绕在左手上,成一个拳头状,然后选择一个黑色发网套在右手上,右手握住马尾包,左手抽出后捏住发网边缘,将发网缠绕在马尾根部,如图 5-78。用做好的半圆马尾包,盖住马尾根部,边缘衔接自然,将侧面边缘曲线调整好之后,用一字夹固定马尾包边缘,切勿在表面漏出卡子,如图 5-79。发型正面轮廓清晰,与脸形一起接近鹅蛋形即可。发际中线对准鼻中线,发型两侧几乎对称,如图 5-80。

(7) 将做好的旗头发包放在顶前点与黄金点之间,注意旗头发包对称线对准发际中线,位置摆正后用一字夹或 U 形夹于前后两面固定,如图 5-81。

(8) 添加一些绒花、塑料假花或干花和红穗子等头饰,如图 5-82。清朝旗头造型完成,如图 5-83。

图 5-78 　　　　　　　　　图 5-79 　　　　　　　　　图 5-80

图 5-81 　　　　　　　　　图 5-82 　　　　　　　　　图 5-83

3. 妆造展示

整体妆造效果如图 5-84。

图 5-84 整体妆造图

五、任务实施

布置任务，组织和引导学生学习清朝妆容和发髻相关知识点与技能点，并进行实操练习。学生在老师的指导下结合案例示范，进行小组实操，完成下表所列任务清单。

任务实施名称	任务清单内容	备注
选定人物	通过重庆高校在线开放课程平台和超星课程平台学习通进入课程和班级进行课程学习，自行选定一个清朝经典人物，从该人物社会地位、所处阶级、身份、外貌特征及相关历史事件等，对该人物做全面的分析和阐述，并以 PPT 的形式提交至平台	
造型表达	根据清朝人物妆容与发髻，结合相关知识点的解析与案例分析，对选定人物进行整体化妆造型实操练习，造型设计包括妆面、发髻、饰品、服装、鞋子	
作品拍摄	作品完成后，在摄影棚或室外场景对作品进行拍摄	
后期处理	将拍摄的作品图精选出 10 张，运用 Photoshop 等软件精修图片，并将电子版提交至重庆高校在线开放课程平台和超星课程平台	
作品成册	将精修的图片进行排版，打印成册	
视频制作	学生将精修的 10 张作品图，通过 Premiere Pro 或剪映等软件制作成短视频提交至重庆高校在线开放课程平台和超星课程平台	

六、任务评价

以小组为单位，对本次任务完成情况进行评价，然后在评价基础上修改与完善，并根据评分标准进行评分。

班　级： 小　组： 姓　名：			指导教师： 日　期：				
评价项目		评价标准	评价方式			权重	得分小计
			学生自评 （15%）	小组互评 （25%）	教师评价 （60%）		
诊断性评价	线上学习	1. 课件学习情况 2. 视频观看情况 3. 答疑讨论情况				10%	
过程性评价	职业技能	1. 掌握古装化妆造型方法与技巧 2. 掌握古装发髻造型方法与技巧 3. 掌握古装整体化妆造型技能				20%	
	职业素养	1. 日常表现情况 2. 沟通协调情况 3. 服务意识情况				20%	
	创新能力	能结合所学古装造型技法，进行古装造型变换				20%	
终结性评价	成果检验	1. 能按质保量地完成任务 2. 能准确表达、汇报与展示任务成果				30%	
合计							
综合评价	教师点评：						

七、任务拓展

1. 通过清朝妆面与发髻知识的学习，在完成本任务实训的过程中，你学会了哪些知识与技法？掌握的程度如何？是否会技法的拓展运用？请画出思维导图。

2. 请根据所学的清朝古装造型知识技能，以一个清朝题材的影视剧目为参考，选定剧中一个女性人物，进行人物造型再设计。

学生作品欣赏

码 6-1 学生作品

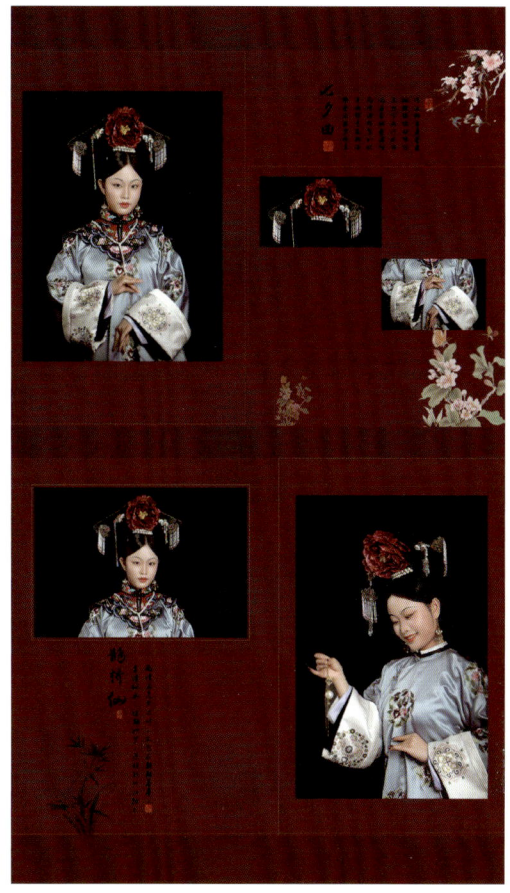

学生作品欣赏

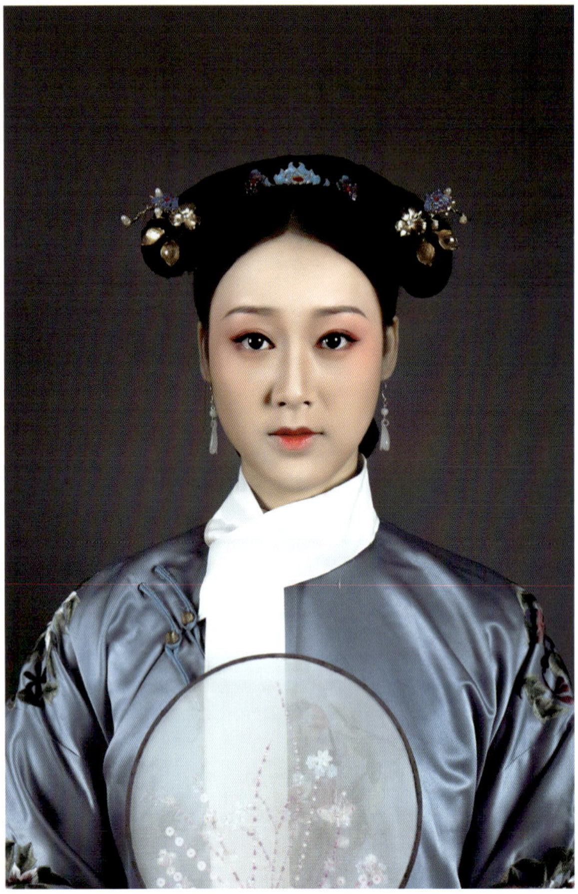

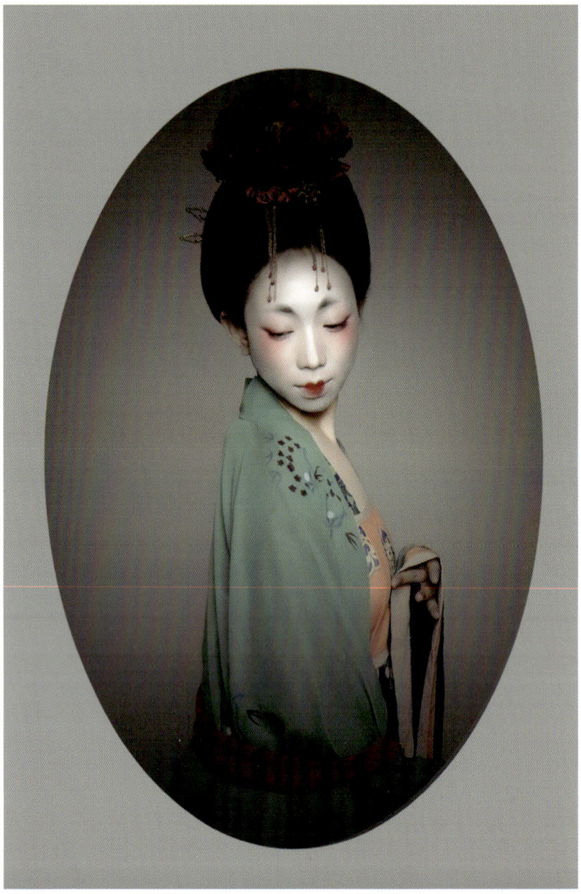

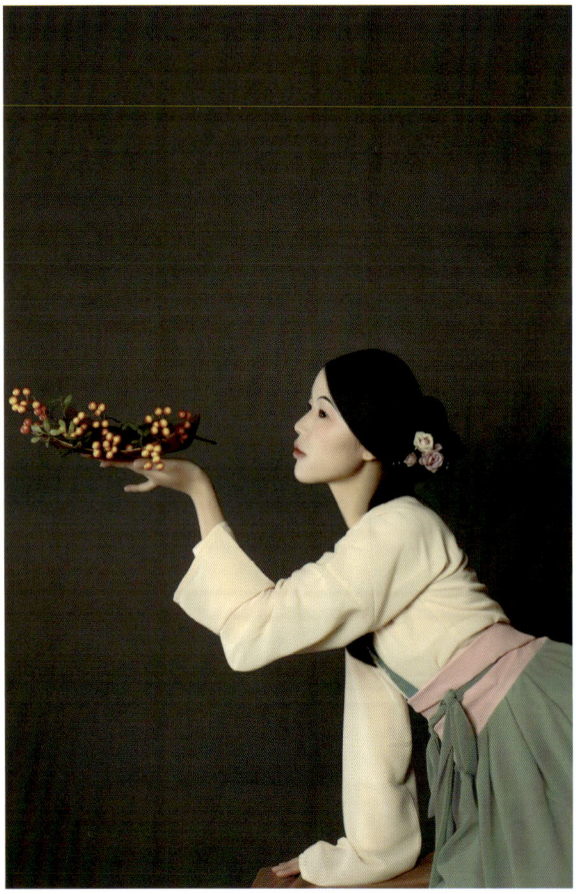

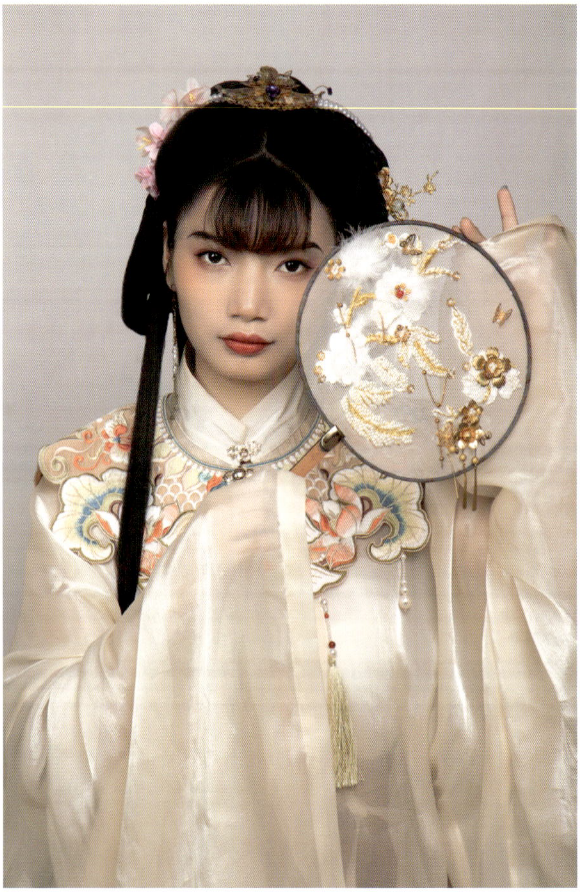

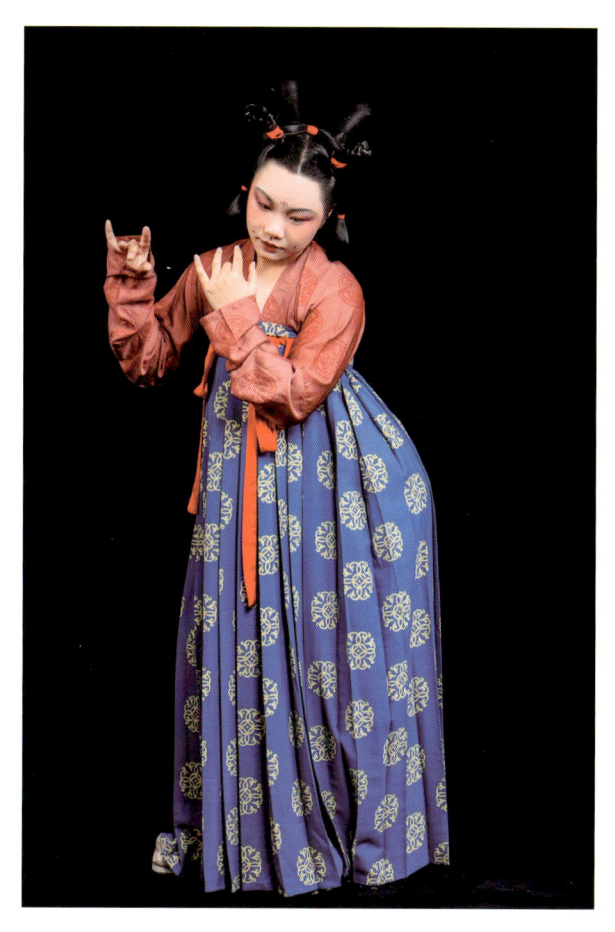

学生作品欣赏

永和九年岁在癸
丑暮春之初会于
会稽山阴之兰亭
修禊事也群贤毕
至少长咸集此地
有崇山峻岭茂林
修竹又有清流激
湍映带左右引以
为流觞曲水列坐
其次虽无丝竹管
弦之盛一觞一咏
亦足以畅叙幽情

学生作品欣赏

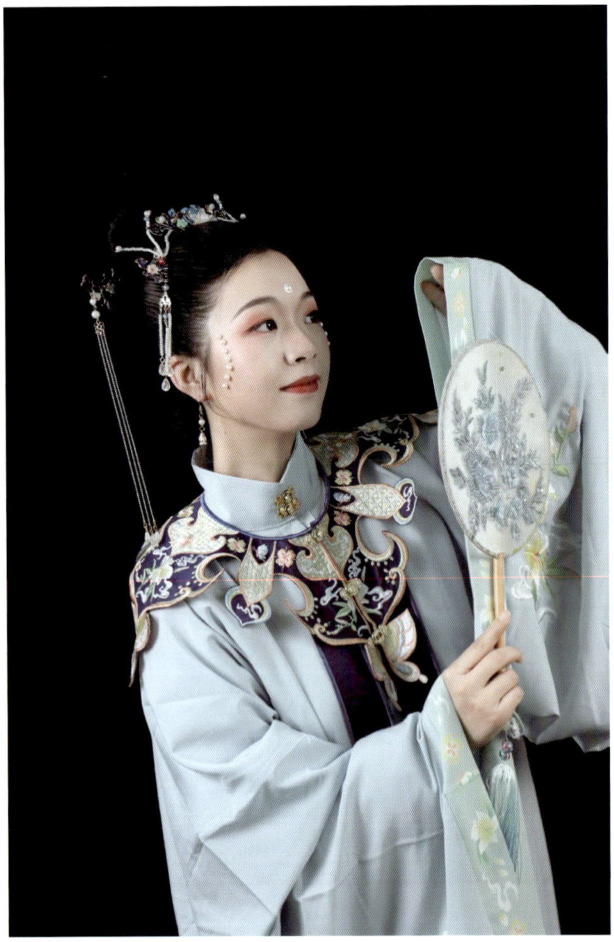

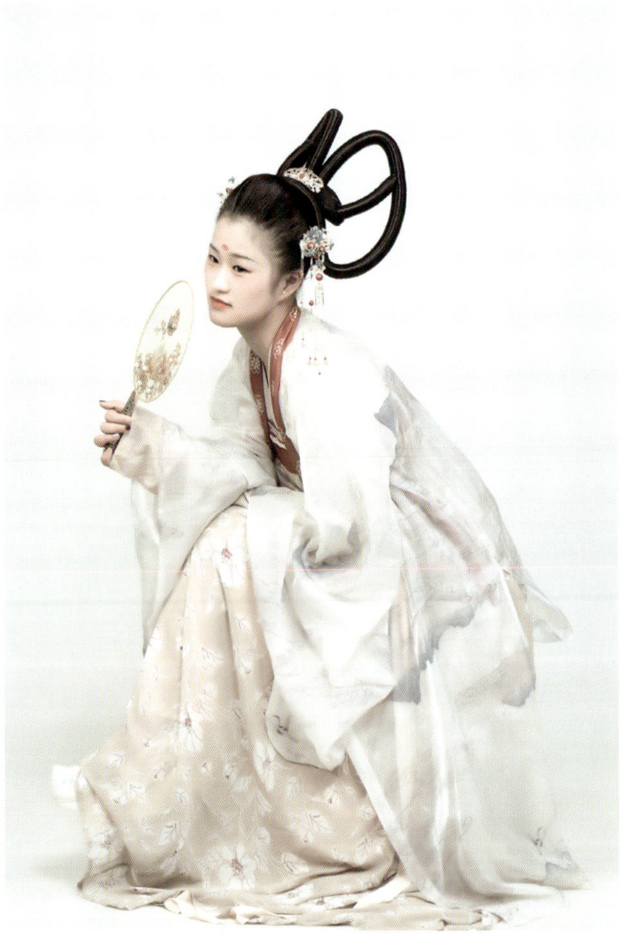

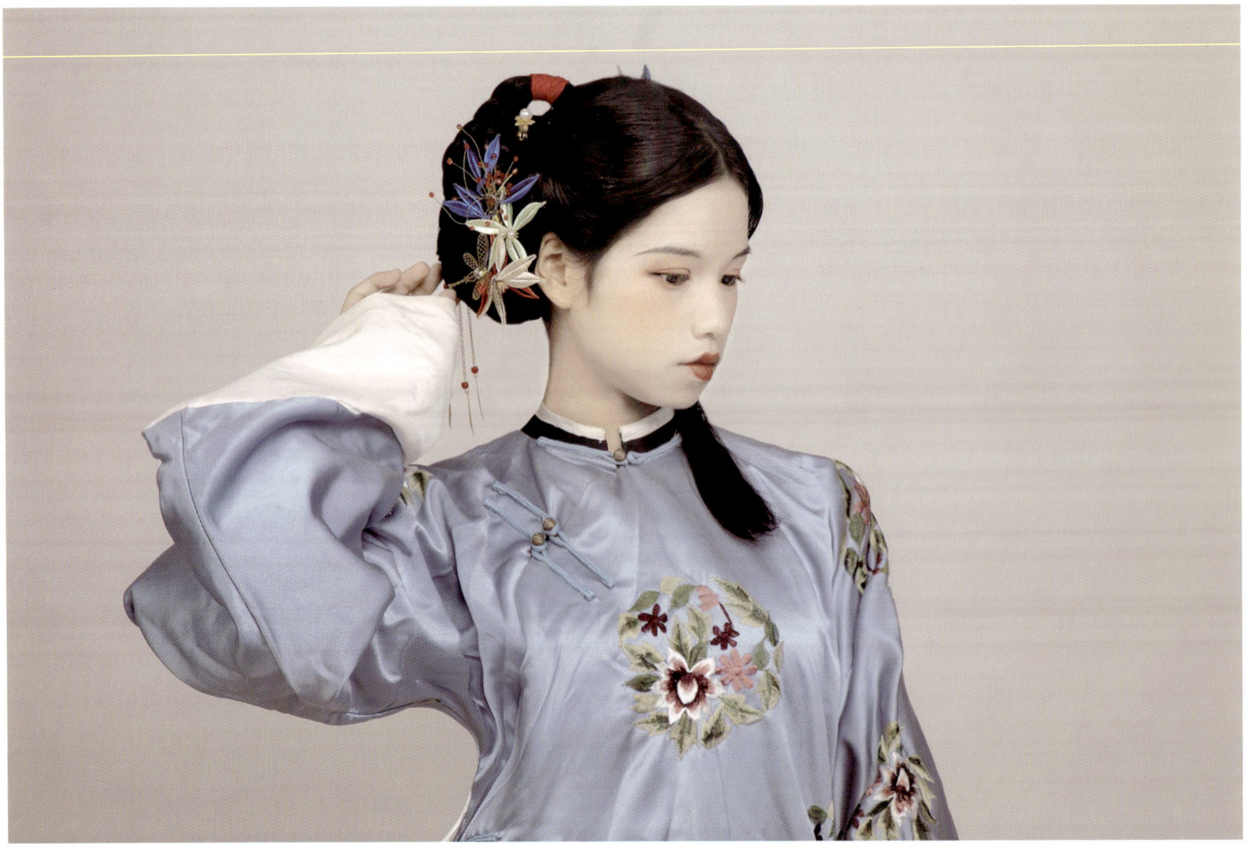

学生作品欣赏

参考文献

[1] 马大勇．云髻凤钗——中国古代女子发型发饰[M]．济南：齐鲁书社，2009．

[2] 张春新，苟世祥．发髻上的中国[M]．重庆：重庆出版社，2011．

[3] 撷芳主人．大明衣冠图志[M]．北京：北京大学出版社，2016．

[4] 傅伯星．大宋衣冠——图说宋人服饰[M]．上海：上海古籍出版社，2016．

[5] 黄能馥．中国服饰通史[M]．北京：中国纺织出版社，2007．

[6] 吴山，陆原．中国历代美容·美发·美饰辞典[M]．福州：福建教育出版社，2013．

[7] 李芽．中国古代妆容配方[M]．北京：中国中医药出版社，2008．

[8] 陈茂同．中国历代衣冠服饰制[M]．天津：百花文艺出版社，2005．

[9] 李芽．中国历代妆饰[M]．北京：中国纺织出版社，2004．

[10] 许星，廖军．中国设计全集 第8卷 服饰类编 容妆篇[M]．北京：商务印书馆，2012．

[11] 左丘萌．中国妆束——大唐女儿行[M]．北京：清华大学出版社，2020．

[12] 王巧妹．典籍所见秦汉女子发式、发饰名称整理研究[D]．东北师范大学，2020．

[13] 刘媛．中国古代女子发式的命名研究[D]．西安外国语大学，2019．

[14] 贾鸽．隋唐发饰造型分类研究及应用开发[D]．西安工程大学，2012．

[15] 魏媛媛．中国古代女子发型发饰综述[J]．大众文艺，2015（9）:52．

[16] 张芸．中国古代女性的发髻探析[J]．大观·东京文学，2018（1）:110–111．

[17] 王芙蓉．浅议中国古代女子发式的文化象征[J]．服饰导刊，2014（2）:32–36．